二酮镝单分子磁体的制备及性能调控

Preparation and Property Modulation of Diketone-Dysprosium（III）Single-Molecule Magnets

刘翔宇
陈三平
郭　燕　编著
岑培培

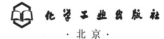
化学工业出版社
·北京·

内容简介

本书结合作者多年从事单分子磁体的构筑及性能研究所积累的经验，总结了β-二酮类稀土镝单分子磁体磁构关系的有效调控方法，并提供了相关的最新文献资料。

全书内容分为5章。第1章概述了稀土镝单分子磁体的研究现状及发展前景；第2章至第5章介绍了数例结构多样的单核及双核β-二酮镝配合物，对其晶体结构进行了详细分析，阐述了不同侧链取代基的β-二酮有机配体及含氮辅助配体、配体效应及溶剂效应等因素，对目标物结构和磁性的影响，并结合理论计算与磁性测试结果，探究了β-二酮镝配合物分子磁体的磁构关系和磁弛豫机理，阐明了影响二酮镝单分子磁体弛豫动力学的因素。

本书可供稀土材料、分子材料等相关领域的研究人员参考使用。

图书在版编目（CIP）数据

二酮镝单分子磁体的制备及性能调控/刘翔宇等编著. —北京：
化学工业出版社，2022.5
　　ISBN 978-7-122-40958-4

　　Ⅰ.①二… Ⅱ.①刘… Ⅲ.①磁性材料-纳米材料-镝络合物-磁
弛豫　Ⅳ.①TM271

中国版本图书馆CIP数据核字（2022）第042545号

责任编辑：韩霄翠　仇志刚
文字编辑：胡艺艺　王文莉
责任校对：田睿涵
装帧设计：王晓宇

出版发行：化学工业出版社
　　　　　（北京市东城区青年湖南街13号　邮政编码100011）
印　　装：北京捷迅佳彩印刷有限公司
710mm×1000mm　1/16　印张10　字数160千字
2022年9月北京第1版第1次印刷

购书咨询：010-64518888
售后服务：010-64518899
网　　址：http://www.cip.com.cn
凡购买本书，如有缺损质量问题，本社销售中心负责调换。

定　　价：98.00元

分子磁体兼具有机分子和无机金属离子的特征，具有多变的结构和丰富的磁性，是一类非常重要的新型软磁材料，有望应用于未来的信息记录、磁感应、航天和微波材料等领域。由于分子磁体没有伸展的离子键、共价键和金属键，分子磁体易溶于有机溶剂，可得到化合物的单晶和详细的结构信息，有利于将磁性与晶体结构关联起来，成为近年研究的热点。稀土镝具有高的电子自旋基态、强的自旋轨道耦合及磁各向异性，其配合物呈现出良好的磁学性能，为发展分子磁体提供了重要的研究基础。基于此，研究低核数、高对称性的稀土镝单分子磁体及其结构和磁性的调控效应，探究磁构关系和磁动力学行为，对理解稀土单分子磁体的物理、化学本质及实际应用具有重要意义。

本书选择二酮镝化合物为研究对象，探寻引入双齿帽式含氮化合物或多齿希夫碱化合物等辅助配体对 $\beta-$ 二酮类稀土镝单分子磁体结构和磁性的调控效应，分析结构调控引起磁弛豫行为的变化，旨在阐明影响稀土镝单分子磁体动态磁性能的因素，为配合物分子磁体的可控合成提供坚实的理论指导和经验。基于此，共编写了5章内容，第1章概述了稀土镝单分子磁体的研究现状及发展前景；第2章至第5章研究了数例结构多样的单核及双核 $\beta-$二酮镝配合物，对其晶体结构进行了详细分析，阐述不同侧链取代基的

β-二酮有机配体及多种含氮辅助配体、配体效应及溶剂效应等因素，以及对目标物结构和磁性的调控效应，并结合理论计算与磁性测试结果探究了 β-二酮镝配合物分子磁体的磁构关系和磁弛豫机理，阐明了影响二酮镝单分子磁体弛豫动力学的因素。

本书在著写过程中，得到了西北大学高胜利、谢钢、杨奇，宁夏大学宋伟明等有关专家学者的帮助。在此，一并表示衷心的感谢。本书在撰写过程中参考了国内外有关文献资料，在此向有关著作者表示深切的感谢。

本书内容涉及多学科领域，一些问题还有待进一步研究，加之作者水平所限，书中难免存在不足之处，敬请读者提出批评和建议。

编著者

2022 年 4 月

目录

CONTENTS

第 3 章
辅助配体结构修饰调控 β - 二酮镝配合物　063

第 4 章
溶剂调控 β - 二酮镝配合物　101

第**1**章

概述

分子磁性材料是一类具有磁学特性的分子固体材料，有望应用于未来的信息记录、磁感应和航天材料等领域，是化学、物理和材料等学科的交叉点之一 [1,2]。其中，由分立的、磁学意义上相互独立的单个分子构成的单分子磁体为设计和合成具有应用潜能的纳米磁性材料开辟了方向 [3,4]。与传统磁性材料相比，单分子磁体（SMMs）不仅尺寸均一、溶解性好，并且在结构和磁性方面表现出良好的可塑性，这种磁体特有的量子隧穿现象和慢磁弛豫行为使其有望应用于未来的量子计算机、高密度数据存储以及自旋电子学等领域 [5,6]。其中，基于稀土离子构筑的单分子磁体因为具有较大的磁矩和磁各向异性而成为近年来的研究热点 [7]。由于稀土单分子磁体呈现出高能垒潜质和复杂的多弛豫机制，设计合成结构相对简单的低核数稀土单分子磁体不仅有助于从分子水平上调控其结构和磁性，而且便于探究磁构关系和磁弛豫动力学的影响因素，对理解稀土单分子磁体的物理、化学本质及实际应用具有重要意义。

1.1　单分子磁体简介

20世纪90年代初，研究者发现了首例单分子磁体 $[Mn_{12}O_{12}(OAc)_{16}(H_2O)_4]$，该配合物在阻塞温度以下，没有外加磁场时仍然能够保留磁有序和磁化强度，开启了 SMMs 的研究序幕 [8,9]。所谓 SMMs，是由独立的、磁学意义上几乎没有相互作用的单个分子构成的，是真正意义上具有纳米尺寸的分子磁体，因此可以作为独立的磁功能单元 [10]。与传统磁体相比，SMMs 的磁性来源于分子本身，即使作为客体分子或者通过溶解进入到多孔材料中，它们依旧能够保持磁行为。如图1.1所示，SMMs 中每个分子可以作为一个孤立的磁畴，在无直流场情况下，呈双稳态，其分子能级 M_S=+S 和 M_S=-S 等同布居。在外加磁场作用下，双稳态平衡被打破，两个能级的能量不等，自旋分布在能量更低的能级 M_S=-S，SMMs 被磁化。此时去掉外加磁场，M_S 重新取向，随着温度降低，磁矩被冻结，其能量低于能量壁垒，翻转速率变慢，缓慢地返回到原来的平衡状态，即需要从 M_S=-S 重新布居到 M_S=+S，这个过程称为慢磁弛豫 [11]，其中克服能量壁垒所需要的能量被称为有效能垒（U_{eff}），磁矩被冻结时的温度为阻塞温度（T_B）。U_{eff} 可通过提取交流磁化率数据，利用阿伦尼乌斯定律 $\{\tau = \tau_0 \exp[U_{eff}/(kT)]$,

τ 为弛豫时间，τ_0 为指前因子 } 拟合得到数值。在实验中获得 T_B 一般有三种方式：①零场冷却（ZFC）磁化率最大时对应的温度[3]；②观测到磁滞回线的温度，但受扫描速率的影响；③弛豫时间为 100s 时的温度。因此，评估 SMMs 性能有两个关键参数：有效能垒（U_{eff}）和阻塞温度（T_B）。

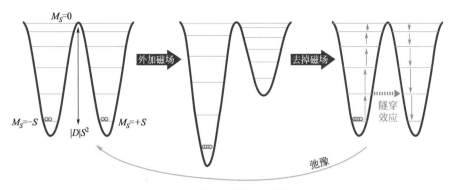

图 1.1　单分子磁体的双稳态

目前国内外许多研究学者都致力于设计合成具有高能垒、高阻塞温度的单分子磁体。正如图 1.1 所示，单分子磁体的磁矩重新取向时要克服的最大翻转能垒是由体系的基态自旋值（S）和磁各向异性（D）共同决定的，当体系的基态自旋值为整数或半整数时，翻转能垒的理论值分别为 $S^2|D|$ 或者（$S^2-1/4$）$|D|$。因此设计和合成高性能的单分子磁体需要达到以下几个条件：①存在较大的基态自旋值；②具有强的单轴磁各向异性；③分子间的磁相互作用力弱到可忽略不计。当满足以上条件时，低温下翻越能垒的速率减慢，进而出现慢磁弛豫行为。

1.2　稀土镝单分子磁体的研究现状

20 世纪 90 年代初，首例单分子磁体（Mn_{12}-AC）问世后[12]，选择过渡金属离子作为自旋中心构筑的单分子磁体时有报道。研究发现，高基态自旋值（S）和强磁各向异性（D）是影响单分子磁体性能的关键因素，二者共同决定了自旋翻转能垒的大小。然而，Ruiz 等[13] 早已于 2009 年揭示了对 Mn_6 体系的研究，过渡金属体系不可能同时呈现大的基态自旋值和强的磁各向异性，提升基态自旋值会导致磁各向异性较低，可见，单分子磁体的能垒大小主要由旋轨耦合的强度决定，分别优化自旋基态值和磁各向异性难以实现性能提升。

相比过渡金属离子，稀土离子呈现了较多的单电子数和强的旋轨耦合作用，有助于获得高性能单分子磁体。其中，具有强的磁各向异性和大的基态自旋值的镝离子格外引人注目：其一，稀土镝离子具有奇数的核外电子、高的磁量子数和双稳态；其二，镝离子第一激发态与基态间较大的间隙可能会产生慢的自旋弛豫行为[14]。但是，镝离子的 s、p 电子会屏蔽外层 4f 电子，离子间的磁相互作用不强，稀土离子常见的量子隧穿（QTM）效应使得磁各向异性和能垒降低，并且通常表现出较为复杂的多弛豫机制[15]。因此，通过认识磁弛豫行为并且阐明弛豫机理、进而获得高性能稀土单分子磁体是该研究领域当前亟待解决的问题[16,17]。为此，研究人员制备了系列镝离子为自旋载体的单核、双核甚至多核单分子磁体进行研究，研究结果对于后续的探索具有重要的参考和借鉴意义。

1.2.1 单核稀土镝单分子磁体

2003 年，Ishikawa 等[18]以酞菁（Pc）作为配体，制备了系列单核结构的负离子稀土配合物 [Pc$_2$Ln]$^-$，配合物内金属中心与配体结构形成了三明治构型。其中，稀土 Dy^{3+} 和 Tb^{3+} 为自旋中心的配合物表现出良好的单分子磁体特性，在 1.7K 以下呈现磁滞行为。研究首次获得了稀土金属单分子磁体，两例单分子磁体的有效能垒远高于之前报道的过渡金属单分子磁体的能垒（图 1.2）。随后，该团队[17-19]将上述镝配合物氧化后获得了一例中性配合物，氧化后的配体与稀土金属离子间的电子效应增强，一定程度上提高了其阻塞温度，通过进一步的氧化过程，获得了两例配合物阳离子，使得配位构型纵向压缩，显著提高了有效能垒和阻塞温度。

可见，高自旋的稀土镝离子的确是设计和合成单分子磁体的优良载体。需要注意的是，尽管稀土镝单分子磁体具有较高的磁各向异性，但其磁弛豫动力学行为相对复杂，并且低温下较强的量子隧穿使得难以获得较高的阻塞温度。因此，如何通过化学设计和结构变化来调控稀土配合物的磁弛豫动力学并抑制其低温量子隧穿效应，仍然是制备高能垒、高阻塞温度单分子磁体的主要方向和重要挑战。

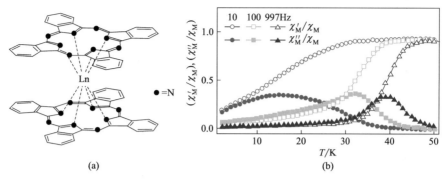

图1.2 配合物[Pc₂Ln]⁻的结构图（a）和[Pc₂Tb]⁻的交流磁化率曲线（b）

  2011 年，唐金魁等[19]选择同一主配体和不同辅助配体制备了两例单核镝配合物。晶体结构分析表明，单核化合物中的金属中心均为四方反棱柱的 D_{4d} 对称几何构型（图 1.3），两例配合物的中心离子呈现略微的纵向压缩，二者偏离理想四方反棱柱的程度稍有不同。零场下，配合物都表现出了单分子磁体的慢磁弛豫现象，具有良好的磁体特性（图 1.3），二者均呈现了多重磁弛豫路径，在高温区弛豫行为是热激发的奥巴赫过程，而在低温区呈现出稍有不同的量子隧穿弛豫过程。结合理论计算发现，两例配合物金属中心的高对称性几何构型产生了强的单离子磁各向异性，二者近似的配位构型形成了类似的镝离子基态分布，使得二者能垒相差不大，低温下量子隧穿效应的差别归因于结构的微小不同。相比而言，镝单分子磁体的高对称几何构型不仅有助于提升单离子磁各向异性，而且有效地抑制了低温量子隧穿效应，最终观察到了显著的零场单分子磁体行为。

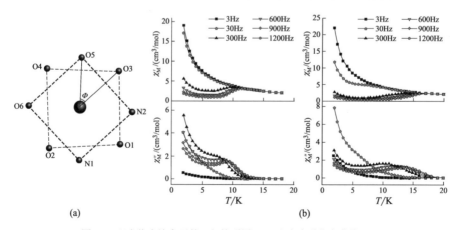

图1.3 配合物中镝离子的几何构型图（a）和交流磁化率曲线（b）

2013 年，Chilton 等[20] 以之前报道的镝单分子磁体为研究对象，选择 14 个低对称性构型的单核镝配合物为模型，利用理论计算探究了金属离子磁各向异性的影响因素（图 1.4）。研究结果表明，除中心离子几何构型对称性外，配位原子的电荷密度不同会引起金属离子周围的静电分布不同，其对单离子磁各向异性的影响不容忽视。

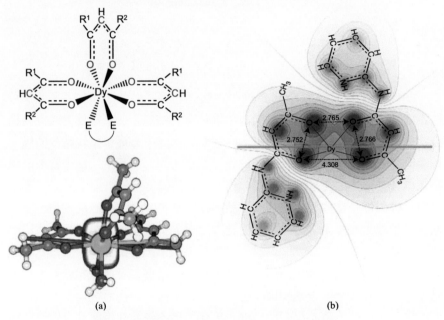

(a)　　　　　　　　　　　(b)

图 1.4　配合物中 Dy³⁺ 的配位环境图（a）和静电势图（b）

2016 年，唐金魁课题组[21] 合成了三例具有 D_{4d} 高对称性的单核镝配合物。由于三例配合物分子中存在不同的客体溶剂分子，导致中心离子几何构型略有不同。其中一例配合物能垒高达 615K、阻塞温度为 7K（图 1.5）。研究结果表明，游离的溶剂小分子引起的晶体场效应微调了金属中心配位环境，从而调控了目标物中镝离子的配位构型，最终导致了不同的单分子磁体磁弛豫行为，三例单分子磁体的动态磁过程都包含多重弛豫机理。

系列工作表明，金属离子几何构型的对称性与稀土镝单分子磁体的磁各向异性和磁弛豫行为之间关系密切，高对称几何构型的单分子磁体通常具有更出众的磁性能，微小的结构变化会对磁各向异性和复杂的磁弛豫行为产生影响。尽管实现完全的理想几何构型难度很大，但是上述研究成果为设计高能垒、高阻塞温度的单分子磁体提供了有效的策略指导。

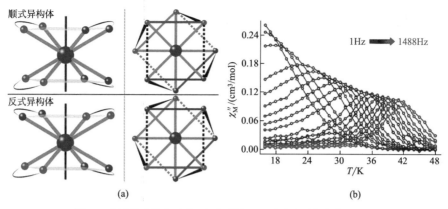

图1.5 配合物中镝离子的几何构型图（a）和交流磁化率曲线（b）

2016 年，童明良课题组[22] 设计并合成了一例近似理想 D_{5h} 高对称性结构的镝单离子磁体（图 1.6）。磁性研究表明，化合物的能垒高达 1025K，然而，阻塞温度（14K）没有明显提升，磁滞回线在低场下的闭合说明体系中依然存在较强的量子隧穿效应。2017 年，陈三平课题组[23] 使用一种四齿配体和多种单齿辅助配体在赤道平面上与镝离子配位制备了四例七配位的五角双锥单核配合物（图 1.7），这些配合物通过依次替换中心离子的剩余位点实现配位场的有序转变。磁性表征显示，尽管所有化合物均为场诱导的单离子磁体，但是能垒和阻塞温度较低，即使其中一例配合物具有与之前报道的高能垒配合物相似的配位环境，也没有表现出令人期待的高性能。相比之前的高能垒化合物，四例配合物都表现出了接近 D_{5h} 对称性的配位几何构型，但构型扭曲程度较大，电子结构也存在明显差异。可见，金属离子的配位环境改变导致不同的配位场效应，势必影响镝离子配位构型和电荷分布，因此如何使得配位构型与电荷分布匹配并良性调控单分子磁体磁弛豫行为也是当前重要的研究任务。

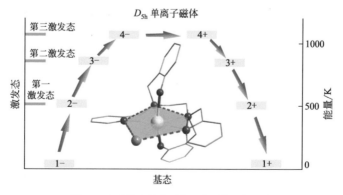

图1.6 配合物中镝离子的配位环境和能级图

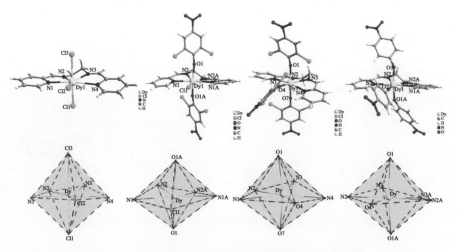

图1.7 不同配合物中镝离子的配位环境图和 D_{5h} 几何构型图

令人振奋的是，2017 年，Mills 等[24] 报道了一例低配位、高对称性的茂金属类单核镝配合物 [Dy(Cpttt)₂][B(C₆F₅)₄]（图 1.8）。磁性研究表明，该配合物的能垒达到了 1837K，同时阻塞温度高达 60K。2018 年，Layfield 等[25] 对该配体结构进行了微小的修饰，获得了三例茂金属类单核镝类似物，其中一例化合物的阻塞温度高达 80K（图 1.9）。重要的工作进展使研究者看到了实现单分子磁体在自旋器件、量子计算等方面实际应用的曙光。然而，对称性要求越高，化学合成的难度越高。上述几例高能垒、高阻塞温度的镝单分子磁体合成条件相当苛刻，要求无水、无氧的反应环境，不能满足产业化要求。

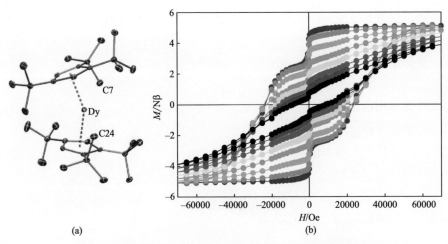

图1.8 配合物 [Dy(Cpttt)₂][B(C₆F₅)₄] 的结构图（a）和磁滞回线图（b）

1Oe=79.5775A/m；Nβ 表示每摩尔玻尔磁子，1Nβ=5585cm³·G/mol

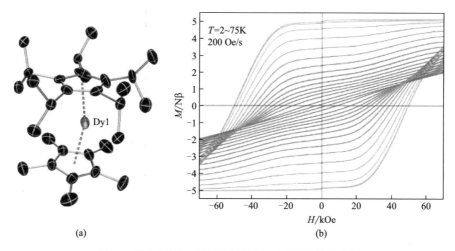

图1.9　配合物单核分子的结构图（a）和磁滞回线图（b）

（1Oe=79.5775A/m）

　　综合文献分析，由一个自旋中心构成的单核稀土镝单分子磁体含有最少的中心金属离子数和外围配体数，表现出相对简单的能级跃迁和配位环境，是实验和理论研究单分子磁体的良好模型。单个镝离子的磁动力学行为与以下因素有关：基态自旋、旋轨耦合产生的磁各向异性、晶体场和配位环境。其中，晶体场的高对称性能够有效减弱横轴各向异性，是抑制量子隧穿的重要途径。因此，设计和组装高对称性（D_{4d}、D_{5h} 和 $D_{\infty h}$）的单核镝配合物来抑制零场量子隧穿并获得高能垒单分子磁体成为了业界共识。随着各向异性能垒的逐步提升，单核镝基单分子磁体的研究工作不断推进，尽管如此，进一步提升单分子磁体的能垒并使之迈向应用仍然受到诸多因素的制约。首先，在单核镝单分子磁体中，快速的量子隧穿过程易在较高的温区发生，使得弛豫时间与温度呈现出非线性关系，并且弛豫时间值快速达到饱和，由此导致的低能垒和低阻塞温度限制了高性能单分子磁体的应用潜能。因此，在获得高能垒的同时，应当最大限度地降低量子隧穿的温度范围甚至抑制量子隧穿效应。其次，稀土单分子磁体呈现出复杂的多重弛豫机制，其弛豫过程一般通过一个或者多个步骤完成，除了量子隧穿过程，声子相关的自旋晶格弛豫包括：奥巴赫（Orbach）过程、拉曼（Raman）过程和直接过程。这些过程对于频率和温度的依赖程度是不同的，相对而言，奥巴赫过程具有显著的温度依赖行为，其导致的自旋翻转取决于各向异性能垒，是决定单分子磁体弛豫行为的关键过程。因此，相比不断提升的各向异性能垒，磁弛豫过程发生的机制及其影响因素也应受到关注。

1.2.2　多核稀土镝单分子磁体

由于稀土镝离子外层 s、d 电子对 4f 电子的屏蔽效应，镝离子和配体之间的相互作用主要是静电作用，金属离子之间的磁交换不强，因此，大多数多核稀土镝配合物的单分子磁体行为依然来源于单离子各向异性[26-28]。尽管如此，适宜的桥连配体不仅有助于增强单离子各向异性，也可能导致配体电子轨道与镝离子的轨道重叠，一定程度上增强离子之间的磁相互作用，尤其在低温度范围，有助于减慢弛豫过程、抑制量子隧穿效应和提高阻塞温度等[29]。鉴于此，部分研究者通过理性的设计和组装，获得了许多多核镝配合物，其中，结构相对简单的双核体系中的自旋载体之间只有一种类型的磁交换存在，成为了探寻多核体系磁构关系的首选理论模型。

2011 年，Long 等[30]制备了系列稀土双核配合物 ([(Me$_3$Si)$_2$N]$_2$(THF)Ln)$_2$ (Ln = Gd、Dy、Tb)。如图 1.10 所示，稀土离子呈现了五配位的四面体结构。直流磁化率测试表明配合物中存在强的磁相互作用。其中，铽和镝配合物表现出显著的单分子磁体行为，零场能垒分别为 177K 和 327K，低温量子隧穿被有效抑制。虽然能垒并不突出，但是 $\ln\tau$ 对 $1/T$ 表现出良好的线性关系，说明磁弛豫过程为单一的奥巴赫过程，磁滞温度为 13.9K。

同年，唐金魁等[31]报道了一例双核镝配合物 [Dy$_2$(ovph)$_2$Cl$_2$(MeOH)$_3$]（图 1.11），两个镝离子分别为七配位和八配位的配位环境。磁性分析发现，配合物中金属离子间存在弱的铁磁耦合作用，并且表现出双重弛豫的单分子磁体特性，两个弛豫过程的能垒分别为 104cm^{-1} 和 108cm^{-1}。进一步研究表明，双重弛豫过程分别源于单离子各向异性和离子间磁相互作用。

随后，Murugesu 等[32]合成了双核配合物 [Dy$_2$(valdien)$_2$(NO$_3$)$_2$]，通过掺杂稀释的手段引入抗磁离子，初步研究了磁交换对弛豫行为的影响。如图 1.12，该配合物在零场下呈现了一定的单分子磁体行为。理论计算显示配合物中存在明显的反铁磁交换耦合作用，有效能垒依然由单离子磁各向异性主导。然而，稀释后的化合物呈现出明显的量子隧穿过程，能垒有所降低。研究表明，未稀释的双核配合物在零场下镝离子间的耦合作用能够显著地抑制量子隧穿效应，从而获得更高的有效能垒和阻塞温度。

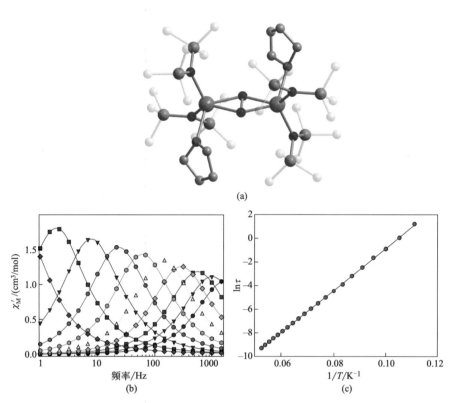

(a)

(b)

(c)

图1.10　([(Me$_3$Si)$_2$N]$_2$(THF)Dy)$_2$ 的结构图（a）、交流磁化率曲线（b）和 lnτ 对 1/T 图（c）

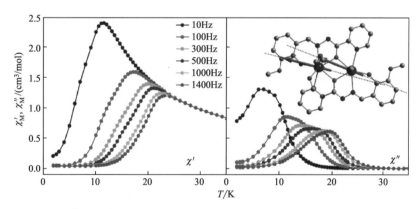

图1.11　双核配合物 [Dy$_2$(ovph)$_2$Cl$_2$(MeOH)$_3$] 的结构图（插图）和交流磁化率曲线图

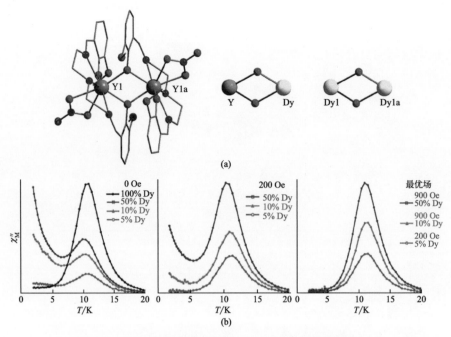

图1.12 双核Dy³⁺配合物的结构图（a）和交流磁化率曲线图（b）

此后，少量的四核、五核、六核甚至更多核的稀土镝配合物被陆续报道，借助多齿桥连配体组装得到高核镝簇合物抑制低温量子隧穿效应成为了提高阻塞温度的有效途径之一。综合文献分析，即使在零维分子体系中，磁相互作用对于磁弛豫动力学的影响以及在合成高性能单分子磁体中仍然扮演重要的角色，通过提高自旋中心之间的磁相互作用和优化晶体场来调控稀土单分子磁体磁行为的研究工作有待深入。

1.3 影响设计和合成稀土镝单分子磁体的因素

稀土单分子磁体的磁学特征有别于过渡金属单分子磁体，其磁性能主要来自金属离子本身固有的各向异性。镝离子表现出强的磁各向异性和显著的磁矩，是制备单分子磁体的良好候选者。随着理论研究的深入和测试技术的进步，稀土镝单分子磁体的研究工作不断推进，但是，大部分单分子磁体的阻塞温度依然很低，难以满足实际应用的需求。通过不断优化合成策略阐明复杂的磁弛豫机制仍然是当前的主流趋势，在研究过程中需要考虑以下几点：

① 镝离子配位构型的几何对称性对于单离子磁各向异性和磁弛豫动力学的影响很大。镝离子半径大、配位数多、配位构型灵活，中心离子的配位场对称性和几何构型具有较大的不确定性，目前报道的稀土镝单分子磁体中，其配位数大致为五、六、七、八、九、十等，以八配位最为常见，在分子水平上预测和控制金属离子的构型和配位微环境仍然是巨大的挑战。

② 对称性是影响镝配合物磁性的重要因素，但并不是唯一因素，中心离子周围的静电势分布对其各向异性也有影响。首先，不同配体结构及取代基团具有不同的电子效应，与金属镝离子配位后势必会产生不同的配位场，对磁各向异性的影响值得关注；其次，由于镝离子的电荷密度分布为扁球形，要求轴向配位点具有更多的负电荷，金属中心到其配位原子间合适的距离也可以使 $|\pm15/2\rangle$ Kramers 二重态更稳定，进而对配合物的磁各向异性产生影响。

③ 晶体场的微小变化对镝离子的量子隧穿效应也有明显的影响。由于稀土镝单分子磁体的慢弛豫行为对离子的配位构型、分子间相互作用和分子结构极其敏感，分子周围的外界环境对结构和性质的调控效应不容忽视。

④ 自旋载体之间的磁交换对于磁行为的影响已被证实。利用金属离子间的磁相互作用来抑制低温量子隧穿效应，进而对动态磁行为进行调控也值得思考。

不难发现，离子周围的配位场与磁性关系非常密切，配位环境的微小调整都可能引起磁弛豫动力学的显著变化，当镝的几何构型与晶体场的电荷分布基本吻合时，单分子磁体会表现出高的有效能垒。原则上，调控稀土单分子磁体的磁性实际上是优化各向异性和磁相互作用，常见的手段有：配体调控、晶格间溶剂分子调控和样品的物理状态调控。很明显，中心离子周围的配位场效应是决定其磁各向异性的首要因素。因此，在稀土镝配合物的组装过程中，选择合适的有机配体规整稀土镝离子的配位环境和几何对称性尤为重要，也是构筑性能优良的稀土镝单分子磁体的首选策略。

1.4 β-二酮类稀土镝单分子磁体的研究现状

作为一种经典的含氧有机配体，β- 二酮化合物合成简便，具有较高的产率和良好的物理化学稳定性。更重要的是，β- 二酮类配体在设计和合成稀土镝单分子磁体方面独具优势：β- 二酮结构包含酮式和烯醇式两种互变结构。如图 1.13 所示，烯醇式中的羰基氧与羟基氢易形成氢键，碱性条件下脱氢后成为一价阴离子，两个具有螯合效应的氧原子与稀土离子配位后可形成稳定的六元环，利用此类有机配体构筑的稀土金属配合物在发光、催化及溶剂萃取领域已有较为广泛的研究。近年来，以 β- 二酮类化合物作为基本单元构筑稀土镝单分子磁体的研究工作时有报道。

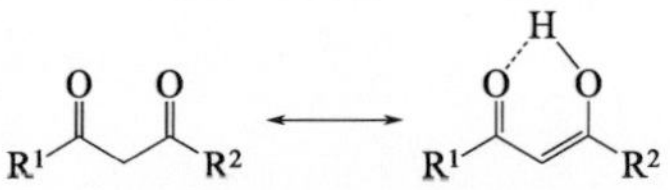

图1.13 β-二酮化合物的酮式和烯醇式互变结构图

在众多 β- 二酮配体中，乙酰丙酮（acac）结构最为简单。2010 年，高松等[33]以该类二酮作为配体与镝离子结合，制备了第一例具有单核结构的 β- 二酮镝化合物 Dy(acac)$_3$(H$_2$O)$_2$。结构研究表明，三个二酮配体以双齿螯合模式和两个水分子在镝离子周围形成了八配位的环境，中心离子配位构型为 D_{4d} 高对称性的扭曲四方反棱柱，如图 1.14 所示。磁性测试表明，该配合物具有强的单离子磁各向异性，零场下显著的单分子磁体行为伴随着一定程度的量子隧穿效应。研究结果证实，β- 二酮配体构筑的稀土镝化合物中金属中心几何构型的高对称性对应着大的单离子磁各向异性，并且有效地抑制了量子隧穿效应，减慢了磁弛豫过程，有助于提升单分子磁体的整体磁性能。

2011 年，闫世平团队[34]以相同的 β- 二酮为配体，同时引入 1,10-菲啰啉（邻菲啰啉）辅助配体（phen），合成了单核配合物 Dy(acac)$_3$(phen)，如图 1.15。与上述例子相比，中心镝离子仍然为八配位的 D_{4d} 高对称四方反棱柱构型。同样，配合物也表现出零场单分子磁体行为，有效能垒为 63.8K。与之前单一 β- 二酮配体构筑的配合物相比，辅助配体取代配位的水分子后，微调了配位环境及配位场，调节了配合物的磁弛豫行为。可见，合理的改变配位场是调控结构和磁弛豫行为的良好策略，利用辅助配体调节四方反棱柱的转动或者扭曲程度能够有效地调控体系的磁性。

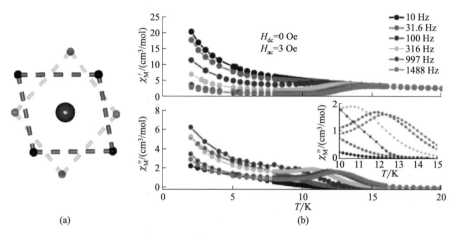

图1.14　配合物中镝离子的几何构型图（a）和交流磁化率曲线（b）

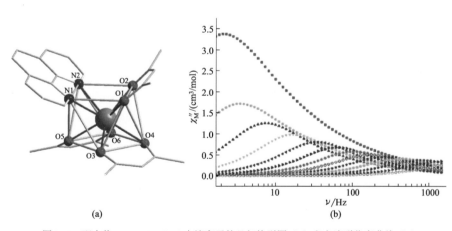

图1.15　配合物Dy(acac)₃(phen)中镝离子的几何构型图（a）和交流磁化率曲线（b）

2012 年，唐金魁课题组 [35] 仍然以乙酰丙酮作为主配体，选择空间结构更大、共轭性更强的二吡嗪喹啉及二吡啶并噻吩作为辅助配体，分别得到了两例四方反棱柱构型的单核镝单分子磁体（图 1.16）。两例配合物的零场低温量子隧穿效应进一步被抑制，能垒分别达到了 136K 和 187K，配合物能垒的提升进一步证实了辅助配体效应对单分子磁体结构和磁弛豫行为的重要影响，具体的影响因素有待研究。

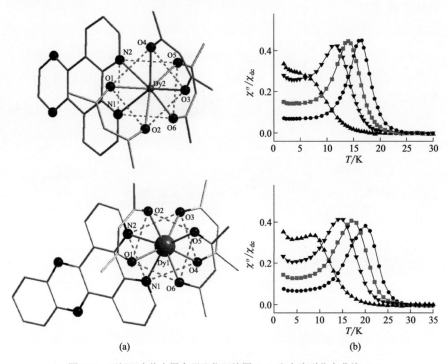

(a)   (b)

图1.16　两例配合物金属离子配位环境图（a）和交流磁化率曲线（b）

受以上工作启发，2014 年，董育斌等[36] 同样选择了乙酰丙酮配体，以空间结构更大的 dppn 作为辅助配体，合成了一例单核镝配合物 [Dy(acac)₃(dppn)]·C₂H₅OH，如图 1.17。尽管配合物在 0Oe（1Oe=79.5775A/m）下出现了频率依赖的磁弛豫现象，然而，其有效能垒仅有 37K，实验结果未能达到预期的效果。显然，单纯增大辅助配体的空间结构并不是提高该类 β- 二酮镝配合物磁性能的关键因素，磁弛豫动力学的具体调控机制仍不明朗。

系列研究表明，作为结构最简单的 β- 二酮类化合物，乙酰丙酮与稀土镝离子具有良好的配位能力，形成的配位场有利于增强镝离子的单轴各向异性，向体系中引入辅助配体的确是调控结构和性能的有效策略。随后，以其他类型的 β- 二酮作为配体构筑稀土镝单分子磁体的研究也有零星报道。

2013 年，Kevin 等 [37] 选择六氟乙酰丙酮为配体合成了一例双核镝配合物，两个水分子作为桥连配体将两个金属镝离子连接成双核单元，单个金属离子呈现了 D_{4d} 对称性的四方反棱柱构型（图 1.18）。研究发现，该双核配合物具有显著的零场单分子磁体特性，磁稀释实验和理论计算表明镝离子之间存在强的磁耦合作用，是抑制零场低温量子隧穿的关键原因。

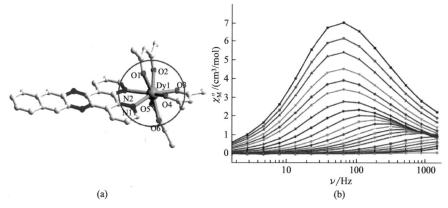

(a)　　　　　　　　　　　　(b)

图 1.17　配合物 [Dy(acac)₃(dppn)]·C₂H₅OH 配位环境图（a）和交流磁化率曲线（b）

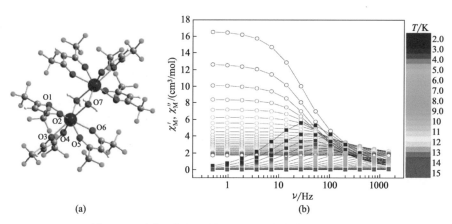

(a)　　　　　　　　　　　　(b)

图 1.18　配合物双核分子结构图（a）和交流磁化率曲线（b）

2015 年，陈三平等[38] 以 4,4,4- 三氟 -1-(4- 甲苯基)-1,3- 二酮为配体合成了两例单核 Dy^{3+} 配合物（图 1.19）。有趣的是，配合物 **1** 在 1,4- 二噁烷溶剂中可以转化为配合物 **2**，两例配合物在结构上唯一的区别是游离的客体 1,4- 二噁烷溶剂分子，导致二者金属中心分别呈现了 D_{2d} 对称性的正十二面体和 D_{4d} 对称性的四方反棱柱构型，最终对磁动力学行为产生了显著的影响。

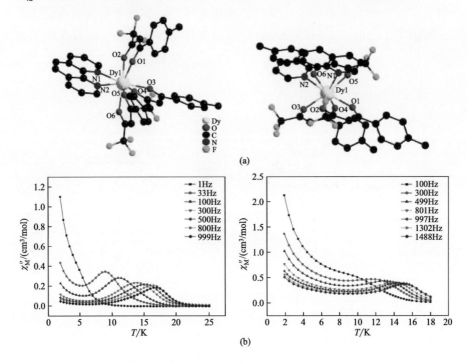

图 1.19　配合物金属离子配位环境图（a）和交流磁化率曲线（b）

2018 年，唐金魁课题组[39] 通过替换 β- 二酮等双齿配体制备了三例具有 D_{4d} 对称性的单核稀土镝配合物（图 1.20）。磁性研究表明，尽管三例配合物均显示了零场单分子磁体特性，但是磁弛豫过程不尽相同，导致能垒相差很大。理论计算阐明，不同的双齿螯合配体致使金属离子周围的电荷分布不同，最终产生各异的磁现象。

综合文献分析，β- 二酮类双齿配体不仅具有超强的螯合配位能力，而且易与稀土镝离子形成具有 D_{4d} 高对称性配位几何的配合物，其与镝离子的键合过程所需反应条件温和、形成的配合物具有较高的稳定性，是构筑高性能单分子磁体和探究单离子磁构关系的良好候选者。更重要的是，β- 二酮化合物的配位模式和电子结构使得稀土镝离子存在不饱和的配位点，为引入辅助配体提供了可能，种类丰富的辅助配体有助于制备结构多样的单核甚至是多核 β- 二酮类镝单分子磁体，便于通过结构调控探究影响磁弛豫动力学的主要因素。

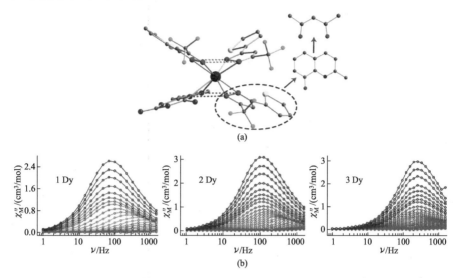

图1.20　配合物中心离子几何构型、配体替换示意图（a）和交流磁化率曲线（b）

1.5　小结

单分子磁体是近年来兴起的重要研究方向，这类材料能够呈现出量子隧穿现象和慢弛豫行为，在诸多高科技领域扮演着重要的角色。然而，获得稳定的高性能单分子磁体极具挑战，如何在抑制量子隧穿的同时增强单离子磁各向异性，进而提升有效能垒和阻塞温度仍然是当前的首要任务。综合文献分析，镝离子表现出强的旋轨耦合和大的磁各向异性，是获得高性能单分子磁体的良好候选者。配合物的磁性与中心镝离子几何结构的对称性及其配位场效应密切相关，稀土镝离子具有较高的配位数和灵活多变的配位几何构型，而且配合物的磁动力学行为对结构非常敏感，微小的结构变化可能会对体系的磁性产生巨大的影响。同时，镝离子的本质特征和磁动力学的实验和理论认知还有待阐明。当前的研究表明，稀土镝离子的局部对称性、配位构型和配位环境都会影响磁性能，具体的影响机制有待阐明。除此以外，是否有其他的影响因素？多因素间如何协同作用？金属离子间磁耦合作用会对单分子磁体磁行为产生何种影响？依据"结构决定性质"的宗旨，着眼于分子设计合成，将实验表征与理论计算相结合，系统研究体系的磁构关系，阐明磁弛豫机理，势必会推动单分子磁体的发展。

研究表明，配位模式单一的 β- 二酮类配体与稀土镝离子键合能力很强，易形成八配位的 D_{4d} 高对称性配合物，这类构型简单的配合物有助于结合理论计算探究磁构关系和弛豫机理。更重要的是，由于不同端基取代基的吸电子效应和给电子效应不同，使得 β- 二酮的三线态能级不同，通过选择不同的二酮配体获得结构多样的配合物，从而引发不同的配位场效应，是调节金属离子磁各向异性和电子排布，并且有效调控 β-二酮类稀土配合物磁行为的可能途径。其次，合理的选择辅助配体是决定配合物结构和磁性的重要因素之一。辅助配体对 β- 二酮类稀土镝配合物的结构和性质有重要影响：第一，结构多样的辅助配体能够丰富 β- 二酮类稀土镝配合物的结构；第二，辅助配体的多样性及其结构的可修饰性，对目标配合物中金属离子的配位微环境和几何对称性具有重要的调节作用；第三，选择合适的多齿辅助配体有望获得双核或者多核 β- 二酮类稀土镝配合物，为研究金属离子之间相互作用对磁行为的影响及其与单离子各向异性的协同效应提供平台。显然，引入辅助配体是 β- 二酮类稀土镝体系可持续发展的首选策略，尝试新的研究思路来获得重要的研究进展十分必要。另外，外界反应条件对于 β- 二酮类稀土镝配合物的结构和性质的影响不容忽视，利用简单的化学手段获得结构多样的稀土镝配合物并且实现不同配合物之间的结构转化和磁性调控同样值得期待。因此，合理的利用影响稀土镝单分子磁体结构的因素对中心离子的几何构型和配位场进行调节，进一步探究影响配合物分子磁体性能的因素仍然是该研究领域的首要任务。

基于以上考虑，本书以稀土镝离子、几种不同的 β- 二酮化合物以及双齿帽式含氮和多齿酰腙辅助配体的反应体系为研究对象（图1.21），研究了结构多样的稀土镝配合物分子磁体。通过晶体工程技术对目标物进行详细的结构分析，深入系统地探究了其磁构关系，并总结了 β- 二酮镝配合物设计和组装时，辅助配体的选择和引入、配体结构的修饰、溶剂效应等因素对稀土镝单分子磁体结构和性能的调控效应：①辅助配体与金属离子键合能够有效地调节配位中心的几何构型和静电势分布，有助于实现构型对称性和电荷分布的基本吻合，进而调控目标物的磁性；②辅助配体结构修饰会导致不同的目标配合物的配位微环境和分子间相互作用，实现几何构型和分子间相互作用的精细调控；③双齿帽式含氮辅助配体和 β- 二酮配体的结合通常会得到高对称性的稀土镝配合物；④多齿辅助配体能够形成高核数的稀土镝配合物，合理的调控结构有助于发挥单离子各向异性和离子间磁相互作用的协同效应，利用有效的策略改变分子间偶极相互作用从而提升磁性能的研究工作值得期待。

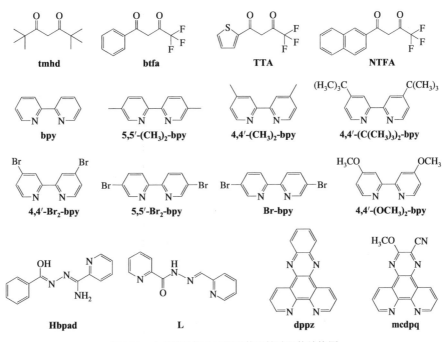

图1.21　本书涉及的 β- 二酮配体和辅助配体结构图

本书结论将为深入探究辅助配体对 β- 二酮镝配合物结构和磁性的调控效应、揭示影响稀土镝单分子磁体磁弛豫动力学的因素以及稀土配合物分子磁体的设计和组装提供重要的理论依据及实践基础。

参考文献

[1] Miller J S, Calabrese J C, Epstein A J, et al. Ferromagnetic properties of one-dimensional decamethylferrocenium tetracyanoethylenide (1:1): [Fe(η^5-C$_5$Me$_5$)$_2$]·$^+$[TCNE]·$^-$[J]. Journal of the Chemical Society, Chemical Communications, 1986, (13): 1026-1028.

[2] Zarembowitch J, Kahn O. Magnetic properties of some spin-crossover, high-spin, and low-spin cobalt(Ⅱ) complexes with Schiff bases derived from 3-formylsalicylic acid[J]. Inorganic Chemistry, 1984, 23(5): 589-593.

[3] 徐光宪. 21 世纪的配位化学是处于现代化学中心地位的二级学科[J]. 北京大学学报: 自然科学版, 2002, 38(2): 149-152.

[4] Caneschi A, Gatteschi D, Sessoli R, et al. Alternating current susceptibility, high field magnetization, and millimeter band EPR evidence for a ground $S = 10$ state in $[Mn_{12}O_{12}(CH_3COO)_{16}(H_2O)_4] \cdot 2CH_3COOH \cdot 4H_2O[J]$. Journal of the American Chemical Society, 1991, 113(15): 5873-5874.

[5] a. Craik D. Magnetism: principles and applications [M]. New York: Wiley, 1995.

b. 宛德福，马兴隆. 磁性物理学[M]. 成都：电子科技大学出版社，1994.

c. 姜寿亭, 李卫. 凝聚态磁性物理[M]. 北京：科学出版社，2003.

[6] AlDamen M A, Clemente-Juan J M, Coronado E, et al. Mononuclear lanthanide single-molecule magnets based on polyoxometalates[J]. Journal of the American Chemical Society, 2008, 130(28): 8874-8875.

[7] a. Blagg R J, Ungur L, Tuna F, et al. Magnetic relaxation pathways in lanthanide single-molecule magnets[J]. Nature Chemistry, 2013, 5(8): 673-678.

b. Ako A M, Hewitt I J, Mereacrc V, et al. A ferromagnetically coupled Mn19 aggregate with a record $S= 83/2$ ground spin state[J]. Angewandte Chemie, 2006, 118(30): 5048-5051.

c. Vallejo J, Castro I, Ruiz-García R, et al. Field-induced slow magnetic relaxation in a six-coordinate mononuclear cobalt(Ⅱ) complex with a positive anisotropy[J]. Journal of the American Chemical Society, 2012, 134(38): 15704-15707.

[8] a.艾浩, 漆婷婷, 包俊, 等. 稀土 Dy 单分子磁体的研究进展[J].有色金属科学与工程, 2013, 4(6): 82-91.

b. 任旻, 郑丽敏. 稀土单分子磁体[J]. 化学学报, 2015, 73(11): 1091-1113.

[9] Craig G A, Murrie M. 3d single-ion magnets [J]. Chemical Society Reviews, 2015, 44(44): 2135-2147.

[10] a. Frost J M, Harriman K L M, Murugesu M. The rise of 3d single-ion magnets in molecular magnetism: towards materials from molecules [J]. Chemical Science, 2016, 7(7): 2470-2491.

b. Guo Y N, Ungur L, Granroth G E, et al. An NCN-pincer ligand dysprosium single-ion magnet showing magnetic relaxation via the second excited state [J]. Scientific Reports, 2014, 4(4): 5471-5477.

[11] Friedman J R, Sarachik M P. Macroscopic measurement of resonant magnetization tunneling in high-spin molecules [J]. Physical Review Letters, 1996, 76(20), 3830-

3833.

[12] Sessoli R, Gatteschi D, Caneschi A, et al. Magnetic bistability in a metal-ion cluster[J]. Nature, 1993, 365: 141-143.

[13] Cremades E, Cano J, Ruiz E, et al. Theoretical methods enlighten magnetic properties of a family of Mn_6 single-molecule magnets[J]. Inorganic Chemistry, 2009, 48(16): 8012-8019.

[14] a. Liu K, Zhang X, Meng X, et al. Constraining the coordination geometries of lanthanide centers and magnetic building blocks in frameworks: a new strategy for molecular nanomagnets[J]. Chemical Society Reviews, 2016, 45(9): 2423-2439.

b. 艾浩, 漆婷婷, 包俊, 等. 稀土Dy单分子磁体的研究进展[J]. 有色金属科学与工程, 2013, 4(6): 82-91.

c. 任旻, 郑丽敏. 稀土单分子磁体[J]. 化学学报, 2015, 73(11): 1091-1113.

[15] a. Zhang P, Zhang L, Tang J. Lanthanide single molecule magnets: progress and perspective[J]. Dalton Transactions, 2015, 44(9): 3923-3929.

b. Ungur L, Lin S Y, Tang J, et al. Single-molecule toroics in Ising-type lanthanide molecular clusters[J]. Chemical Society Reviews, 2014, 43(20): 6894-6905.

c. Dey A, Kalita P, Chandrasekhar V. Lanthanide(Ⅲ)-based single-ion magnets[J]. ACS Omega, 2018, 3(8): 9462-9475.

[16] a. Feltham H L C, Brooker S. Review of purely 4f and mixed-metal nd-4f single-molecule magnets containing only one lanthanide ion[J]. Coordination Chemistry Reviews, 2014, 276: 1-33.

b. Gómez-Coca S, Urtizberea A, Cremades E, et al. Origin of slow magnetic relaxation in Kramers ions with non-uniaxial anisotropy[J]. Nature Communications, 2014, 5: 4300.

[17] Meihaus K R, Long J R. Actinide-based single-molecule magnets[J]. Dalton Transactions, 2015, 44(6): 2517-2528.

[18] Ishikawa N, Sugita M, Ishikawa T, et al. Lanthanide double-decker complexes functioning as magnets at the single-molecular level[J]. Journal of the American Chemical Society, 2003, 125(29): 8694-8695.

[19] Bi Y, Guo Y N, Zhao L, et al. Capping ligand perturbed slow magnetic relaxation in dysprosium single-ion magnets[J]. Chemistry-A European Journal, 2011, 17(44): 12476-12481.

[20] Chilton N F, Collison D, McInnes E J L, et al. An electrostatic model for the determination of magnetic anisotropy in dysprosium complexes[J]. Nature Communications, 2013, 4: 2551.

[21] Wu J, Jung J, Zhang P, et al. *Cis-trans* isomerism modulates the magnetic relaxation of

dysprosium single-molecule magnets[J]. Chemical Science, 2016, 7(6): 3632-3639.

[22] Liu J, Chen Y C, Liu J L, et al. A stable pentagonal bipyramidal Dy (III) single-ion magnet with a record magnetization reversal barrier over 1000 K[J]. Journal of the American Chemical Society, 2016, 138(16): 5441-5450.

[23] Li M, Wu H, Yang Q, et al. Experimental and theoretical interpretation on the magnetic behavior in a series of pentagonal-bipyramidal Dy^{3+} single-ion magnets[J]. Chemistry-A European Journal, 2017, 23(70): 17775-17787.

[24] Goodwin C A P, Ortu F, Reta D, et al. Molecular magnetic hysteresis at 60 kelvin in dysprosocenium[J]. Nature, 2017, 548(7668): 439-442.

[25] Guo F S, Day B M, Chen Y C, et al. Magnetic hysteresis up to 80 kelvin in a dysprosium metallocene single-molecule magnet[J]. Science, 2018, 362(6421): 1400-1403.

[26] Day B M, Guo F S, Layfield R A. Cyclopentadienyl ligands in lanthanide single-molecule magnets: one ring to rule them all?[J]. Accounts of Chemical Research, 2018, 51(8): 1880-1889.

[27] 林双燕, 郭云南, 许公峰, 等. 稀土单分子磁体的研究进展[J]. 应用化学, 2010, 27(12): 1365-1371.

[28] 徐竹莹, 赵国良, 武大令, 等. 稀土双核配合物的合成, 晶体结构及性质研究[J]. 中国稀土学报, 2018, 36(04): 457-464.

[29] a. Lu J, Guo M, Tang J. Recent developments in lanthanide single-molecule magnets[J]. Chemistry-An Asian Journal, 2017, 12(21): 2772-2779.
b. 董艳萍, 田喜强. 不对称结构β-二酮Dy(III) 配合物的合成及磁性研究[J]. 应用化工, 2016, 45(9): 1720-1722.

[30] Rinehart J D, Fang M, Evans W J, et al. Strong exchange and magnetic blocking in N_2^{3-}-radical-bridged lanthanide complexes[J]. Nature Chemistry, 2011, 3(7): 538-542.

[31] Guo Y N, Xu G F, Wernsdorfer W, et al. Strong axiality and Ising exchange interaction suppress zero-field tunneling of magnetization of an asymmetric Dy2 single-molecule magnet[J]. Journal of the American Chemical Society, 2011, 133(31): 11948-11951.

[32] Habib F, Lin P H, Long J, et al. The use of magnetic dilution to elucidate the slow magnetic relaxation effects of a Dy2 single-molecule magnet[J]. Journal of the American Chemical Society, 2011, 133(23): 8830-8833.

[33] Jiang S D, Wang B W, Su G, et al. A mononuclear dysprosium complex featuring single-molecule-magnet behavior[J]. Angewandte Chemie, 2010, 122(41): 7610-7613.

[34] Chen G J, Gao C Y, Tian J L, et al. Coordination-perturbed single-molecule magnet behaviour of mononuclear dysprosium complexes[J]. Dalton Transactions, 2011, 40(20): 5579-5583.

[35] Chen G J, Guo Y N, Tian J L, et al. Enhancing anisotropy barriers of dysprosium(III) single-ion magnets[J]. Chemistry-A European Journal, 2012, 18(9): 2484-2487.

[36] Chen G J, Zhou Y, Jin G X, et al. [Dy(acac)$_3$(dppn)] · C$_2$H$_5$OH: construction of a single-ion magnet based on the square-antiprism dysprosium(III) ion[J]. Dalton Transactions, 2014, 43(44): 16659-16665.

[37] Yi X H, Bernot K, Cador O, et al. Influence of ferromagnetic connection of Ising-type Dy^{3+}-based single ion magnets on their magnetic slow relaxation[J]. Dalton Transactions, 2013, 42(19): 6728-6731.

[38] Zhang S, Ke H, Sun L, et al. Magnetization dynamics changes of dysprosium(III) single-Ion magnets associated with guest molecules[J]. Inorganic Chemistry, 2016, 55(8): 3865-3871.

[39] Guo M, Wu J, Cador O, et al. Manipulating the relaxation of quasi-D_{4d} dysprosium compounds through alternation of the O-donor ligands[J]. Inorganic Chemistry, 2018, 57(8): 4534-4542.

第 **2** 章

帽式辅助配体
调控β-二酮镝
配合物

2.1 引言

　　单分子磁体因其磁性双稳态和慢弛豫机制在超高密度存储材料及量子计算上具有潜在的应用前景。近年来，稀土单分子磁体由于其较大的磁矩和磁各向异性成为研究热点。相较于多核体系，单核稀土单分子磁体拥有强磁各向异性和简单的构型，可以成为研究磁构效关系的理想模型。稀土镝离子由于具有大的轨道角动量，可以产生强磁各向异性，因而成为构筑单分子磁体的首选。同时镝离子具有较大的半径，并且容易形成多样的配位几何构型，而磁各向异性对配位环境和晶体场效应非常敏感，即使微小的调整都可能引起性能上的差异。因此，可以通过在同一体系中对同类型辅助配体的结构进行修饰，从而微调镝离子的配位环境和几何对称性，以此来达到调控单离子磁各异向性的目的。本章以四例单核 β- 二酮镝配合物为研究对象，其基本结构基元为给电子能力较强的双侧叔丁基二酮和四种不同末端结构修饰的同类型双齿帽式含氮化合物。讨论了辅助配体结构的微调对四例配合物中金属离子的几何构型和离子间相互作用的影响，探究了调控目标配合物单离子磁各向异性和磁弛豫行为的影响因素。

2.2 目标分子的合成

　　单核镝配合物 **1**～**4** 的合成路线如图 2.1 所示。

　　（1）[Dy(tmhd)$_3$(5,5'-(CH$_3$)$_2$-bpy)]（**1**）的合成

　　将 tmhd（0.080g，0.3mmol）和 (CH$_3$CH$_2$)$_3$N（0.014mL，0.1mmol) 加入到 15mL CH$_3$OH 溶剂中，持续搅拌 1h，之后加入 DyCl$_3$·6H$_2$O（0.113g，0.3mmol）和 5,5'-(CH$_3$)$_2$-bpy（0.0368g，0.2mmol），将混合物在室温下搅拌4h后过滤，静置挥发一周后析出无色块状晶体，产率76%（基于 Dy^{3+}）。元素分析（%，质量分数）：C$_{45}$H$_{69}$DyN$_2$O$_6$ 分子量为 896.52，计算值 C 为 60.29，N 为 3.12，H 为 7.76；理论值 C 为 60.32，N 为 3.15，H 为 7.78。红外光谱（KBr, cm^{-1}）：3427（w），2953（m），1608（w），1586（s），1503（s），1521（s），1427（m），1358（w），1238（m），1130（s），857（m），752（w），637（s），618（s）（w 指弱峰，m 指中等强度峰，s 指强峰）。

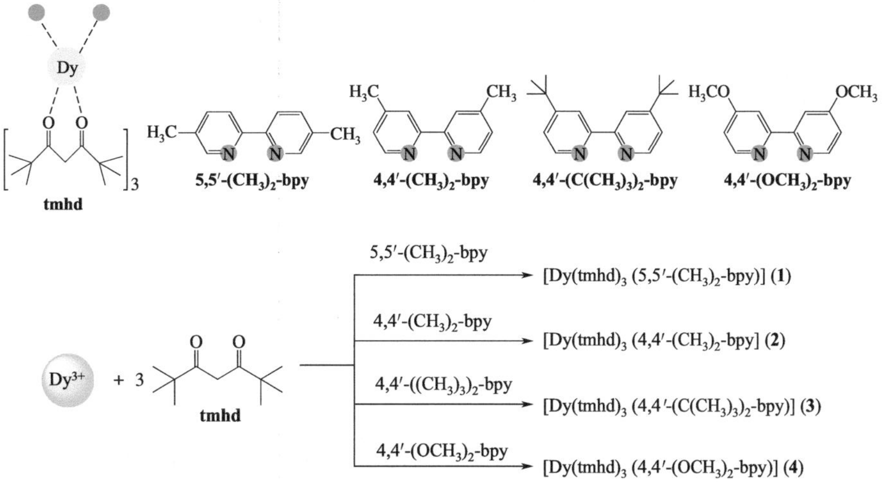

图2.1 单核镝配合物1~4的合成示意图

（2）[Dy(tmhd)₃X]〔X=4,4'-(CH₃)₂-bpy（**2**），4,4'-((CH₃)₃)₂-bpy（**3**），4,4'-(OCH₃)₂-bpy（**4**）〕的合成

配合物 **2**~**4** 的合成步骤均与配合物 **1** 基本一致，除将配合物 **1** 中 5,5'-(CH₃)₂-bpy 换成相应的帽式配体 X〔X =4,4'-(CH₃)₂-bpy，0.0368g；4,4'-(C(CH₃)₃)₂-bpy，0.0368g；4,4'-(OCH₃)₂-bpy，0.0432g〕。**2** 的相关数据为产率 72%（基于 Dy³⁺）。元素分析（%，质量分数）：$C_{45}H_{69}DyN_2O_6$ 分子量为 896.52，计算值 C 为 60.29，N 为 3.12，H 为 7.76；理论值 C 为 60.31，N 为 3.14，H 为 7.74。红外光谱（KBr，cm⁻¹）：3445（w），2959（s），1588（s），1505（s），1453（m），1425（s），1358（s），1226（m），1139（s），868（m），822（m），618（m）。**3** 的相关数据为产率 68%（基于 Dy³⁺）。元素分析（%，质量分数）：$C_{51}H_{81}DyN_2O_6$ 分子量为 980.67，计算值 C 为 62.46，N 为 2.86，H 为 8.33；理论值 C 为 62.50，N 为 2.89，H 为 8.35。红外光谱（KBr，cm⁻¹）：3442（w），2960（s），1588（s），1504（s），1449（m），1423（s），1344（s），1223（m），1139（s），821（m），619（m）。**4** 的相关数据为产率 73%（基于 Dy³⁺）。元素分析（%，质量分数）：$C_{45}H_{69}DyN_2O_8$ 分子量为 928.52，计算值 C 为 58.21，N 为 3.02，H 为 7.49；理论值 C 为 58.24，N 为 3.06，H 为 7.53。红外光谱（KBr，cm⁻¹）：3445（w），2957（s），1586（s），1503（s），1454（m），1423（s），1357（s），1225（m），1144（s），866（m），823（m），618（m）。

（3）[Y(tmhd)₃X]〔X=5,5'-(CH₃)₂-bpy（**5**），4,4'-(CH₃)₂-bpy（**6**），4,4'-(C(CH₃)₃)₂-bpy（**7**），4,4'-(OCH₃)₂-bpy（**8**）〕的合成

配合物 **5**～**8** 的合成方法分别对应于 **1**～**4** 的合成方法，只是将 $DyCl_3 \cdot 6H_2O$ 换成了 $YCl_3 \cdot 6H_2O$（0.0432g，0.2mmol）。**5** 的相关数据为产率 69%（基于 Y^{3+}）。元素分析（%，质量分数）：$C_{45}H_{69}YN_2O_6$ 分子量为 822.96，计算值 C 为 65.68，N 为 3.40，H 为 8.45；理论值 C 为 65.62，N 为 3.38，H 为 8.42。红外光谱（KBr，cm^{-1}）：3427（w），2953（m），1608（w），1586（s），1503（s），1521（s），1427（m），1358（w），1238（m），1130（s），857（m），752（w），637（s），618（s）。**6** 的相关数据为产率 71%（基于 Y^{3+}）。元素分析（%，质量分数）：$C_{45}H_{69}YN_2O_6$ 分子量为 822.96，计算值 C 为 65.68，N 为 3.40，H 为 8.45；理论值 C 为 65.66，N 为 3.43，H 为 8.47。红外光谱（KBr，cm^{-1}）：3445（w），2959（s），1588（s），1505（s），1453（m），1425（s），1358（s），1226（m），1139（s），868（m），822（m），618（m）。**7** 的相关数据为产率 68%（基于 Y^{3+}）。元素分析（%，质量分数）：$C_{51}H_{81}YN_2O_6$ 分子量为 907.08，计算值 C 为 67.53，N 为 3.09，H 为 9.00；理论值 C 为 67.55，N 为 3.14，H 为 9.04。红外光谱（KBr，cm^{-1}）：3442（w），2960（s），1588（s），1504（s），1449（m），1423（s），1344（s），1223（m），1139（s），821（m），619（m）。**8** 的相关数据为产率 71%（基于 Y^{3+}）。元素分析（%，质量分数）：$C_{45}H_{69}YN_2O_8$ 分子量为 854.93，计算值 C 为 65.68，N 为 3.40，H 为 8.45；理论值 C 为 65.72.52，N 为 3.44，H 为 8.51。红外光谱（KBr，cm^{-1}）：3445（w），2957（s），1586（s），1503（s），1454（m），1423（s），1357（s），1225（m），1144（s），866（m），823（m），618（m）。

（4）$[Dy_nY_{1-n}(tmhd)_3X]$（**1@Y**～**4@Y**）的合成

四例顺磁稀释样品与配合物 **1**～**4** 的制备步骤相同，只是相应的镝盐被 Dy^{III} 和 Y^{III}（$DyCl_3 \cdot 6H_2O$ 和 $YCl_3 \cdot 6H_2O$）的混合物取代，摩尔比为 1∶19。稀释后样品中 Dy/Y 的最终比值经 ICP-OES 730 分析为 1∶32.39、1∶15.18、1∶11.87 和 1∶12.23，命名为 **1@Y**～**4@Y**。

2.3　结构表征及分析

2.3.1　晶体数据

选择大小、质量合适的晶体，放置于 X 射线单晶衍射仪上，利用石墨单色器单色化处理的 Mo-K$_\alpha$ 射线扫描（$\lambda = 0.71073$Å，1Å$=10^{-10}$m），收集衍射数据，选用 $I>2\sigma(I)$ 的衍射点进行单晶结构分析。利用 SAINT 和 SADABS[1] 对收集的衍射数据进行还原和吸收校正。结构解析和精修在 SHELXTL-2018 程序 [2] 上完成，并利用基于 F^2 的全矩阵最小二乘法对非氢原子进行精修至收敛。配合物 **1**～**4** 和 **5**～**8** 的晶体学数据和精修参数分别见表 2.1 和表 2.2，配合物 **1**～**4** 键长和键角见表 2.3。

表2.1　配合物1～4的晶体学数据和精修参数

晶体学数据和精修参数	1	2	3	4
实验分子式	C$_{45}$H$_{69}$DyN$_2$O$_6$	C$_{45}$H$_{69}$DyN$_2$O$_6$	C$_{51}$H$_{81}$DyN$_2$O$_6$	C$_{45}$H$_{69}$DyN$_2$O$_8$
分子量	896.52	896.52	980.67	928.52
晶系	三斜晶系	三斜晶系	单斜晶系	三斜晶系
空间群	P-1	P-1	$C2/m$	P-1
a/Å	14.0821(4)	11.3626(10)	21.2669(6)	10.8601(3)
b/Å	18.0788(5)	12.4010(11)	20.4070(7)	12.2262(3)
c/Å	18.4292(5)	19.5023(17)	12.4023(4)	19.9158(7)
α/(°)	87.484(2)	76.193(2)	90	75.363(3)
β/(°)	84.824(2)	79.378(2)	102.256(3)	78.426(3)
γ/(°)	88.182(2)	67.037(2)	90	68.342(3)
V/Å^3	4666.4(2)	2444.3(4)	5259.8(3)	2360.92(13)
Z	2	2	4	2
μ/mm^{-1}	8.912	1.571	1.466	1.632
独立衍射点	16148	8618	6458	11147
观测到的衍射点	26439	43169	14604	21290
R_{int}	0.0673	0.0954	0.0369	0.0335
R_1, wR_2 [$I>2\sigma(I)$]	0.0700, 0.1717	0.0552, 0.0982	0.0362, 0.0731	0.0349,0.0607
R_1, wR_2 (所有数据)	0.0889, 0.1913	0.1004, 0.1091	0.0436, 0.0770	0.0419,0.0643

表2.2　配合物5～8的晶体学数据和精修参数

晶体学数据和精修参数	5	6	7	8
实验分子式	C$_{45}$H$_{69}$YN$_2$O$_6$	C$_{45}$H$_{69}$YN$_2$O$_6$	C$_{51}$H$_{81}$YN$_2$O$_6$	C$_{45}$H$_{69}$YN$_2$O$_8$
分子量	822.93	822.93	907.08	854.93
晶系	三斜晶系	三斜晶系	单斜晶系	三斜晶系
空间群	P-1	P-1	$C2/m$	P-1
a/Å	14.1608(4)	11.36530(10)	21.2523(16)	10.8818(8)
b/Å	18.3266(3)	12.39650(10)	20.4118(19)	12.2395(9)
c/Å	18.5722(3)	19.48880(10)	12.4299(10)	19.8599(14)

晶体学数据和精修参数	5	6	7	8
$\alpha/(°)$	87.891(2)	76.1340(10)	90	75.479(6)
$\beta/(°)$	84.845(2)	79.3350(10)	102.129(8)	78.479(6)
$\gamma/(°)$	88.514(2)	66.9760(10)	90	68.385(7)
$V/\text{Å}^3$	4795.86(18)	2440.56(4)	5271.7(8)	2363.5(3)
Z	4	2	4	2
μ/mm^{-1}	2.048	2.013	1.151	1.283
独立衍射点	16679	8516	6424	11034
观测到的衍射点	47262	62281	13942	20183
R_{int}	0.0499	0.0539	0.0707	0.0440
$R_1, wR_2\ [I > 2\sigma(I)]$	0.0714, 0.1992	0.0470, 0.1359	0.0704, 0.1158	0.0598, 0.0914
R_1, wR_2(所有数据)	0.0793, 0.2119	0.0485, 0.1377	0.1117, 0.1314	0.0872, 0.1010

表2.3　配合物1～4的键长、键角表

化学键	键长/Å	化学键	键角/(°)
配合物 1			
Dy(1)—O(1)	2.340(4)	O(2)—Dy(1)—O(1)	71.95(17)
Dy(1)—O(5)	2.316(5)	O(2)—Dy(1)—O(5)	138.12(18)
Dy(1)—O(2)	2.310(5)	O(2)—Dy(1)—N(1)	110.19(18)
Dy(1)—O(4)	2.301(5)	O(2)—Dy(1)—N(2)	69.59(18)
Dy(1)—O(6)	2.302(4)	O(4)—Dy(1)—O(1)	79.48(18)
Dy(1)—O(3)	2.310(5)	O(4)—Dy(1)—O(5)	77.48(18)
Dy(1)—N(1)	2.566(5)	O(4)—Dy(1)—O(2)	144.02(18)
Dy(1)—N(2)	2.590(6)	O(4)—Dy(1)—O(6)	114.93(17)
Dy(2)—O(12)	2.334(5)	O(4)—Dy(1)—O(3)	72.54(17)
Dy(2)—O(11)	2.314(4)	O(4)—Dy(1)—N(1)	83.18(18)
Dy(2)—O(10)	2.302(4)	O(4)—Dy(1)—N(2)	141.81(17)
Dy(2)—O(8)	2.358(5)	O(6)—Dy(1)—O(1)	146.16(16)
Dy(2)—O(7)	2.305(5)	O(6)—Dy(1)—O(5)	71.73(16)
Dy(2)—O(9)	2.317(4)	O(6)—Dy(1)—O(2)	80.91(17)
Dy(2)—N(4)	2.572(5)	O(6)—Dy(1)—O(3)	75.36(17)
Dy(2)—N(3)	2.550(5)	O(6)—Dy(1)—N(1)	133.04(18)
O(1)—Dy(1)—N(1)	76.71(18)	O(6)—Dy(1)—N(2)	80.69(17)
O(1)—Dy(1)—N(2)	107.33(18)	O(3)—Dy(1)—O(1)	80.92(18)
O(5)—Dy(1)—O(1)	141.95(16)	O(3)—Dy(1)—O(5)	119.52(17)
O(5)—Dy(1)—N(1)	70.85(17)	O(3)—Dy(1)—O(2)	81.61(18)
O(5)—Dy(1)—N(2)	75.06(18)	O(3)—Dy(1)—N(1)	149.54(18)

化学键	键长/Å	化学键	键角/(°)
配合物 1			
O(3)—Dy(1)—N(2)	145.01(17)	O(11)—Dy(2)—O(8)	146.26(16)
N(1)—Dy(1)—N(2)	63.03(17)	O(11)—Dy(2)—O(9)	77.35(17)
O(12)—Dy(2)—O(8)	142.28(16)	O(11)—Dy(2)—N(4)	135.21(16)
O(12)—Dy(2)—N(4)	71.90(16)	O(11)—Dy(2)—N(3)	81.94(16)
O(12)—Dy(2)—N(3)	72.64(17)	O(10)—Dy(2)—O(12)	76.23(17)
O(11)—Dy(2)—O(12)	71.46(16)	O(10)—Dy(2)—O(11)	115.46(17)
O(10)—Dy(2)—O(8)	82.04(18)	O(10)—Dy(2)—O(9)	72.69(16)
O(10)—Dy(2)—O(7)	146.75(17)	O(10)—Dy(2)—N(4)	79.16(16)
配合物 2			
Dy(1)—O(6)	2.281(4)	O(6)—Dy(1)—N(1)	147.29(16)
Dy(1)—O(5)	2.308(4)	O(6)—Dy(1)—N(2)	148.11(17)
Dy(1)—O(3)	2.294(4)	O(5)—Dy(1)—O(4)	76.51(16)
Dy(1)—O(4)	2.323(4)	O(5)—Dy(1)—O(1)	78.46(17)
Dy(1)—O(1)	2.326(5)	O(5)—Dy(1)—O(2)	142.36(16)
Dy(1)—O(2)	2.330(4)	O(5)—Dy(1)—N(1)	138.76(15)
Dy(1)—N(1)	2.594(5)	O(5)—Dy(1)—N(2)	81.44(17)
Dy(1)—N(2)	2.594(5)	O(3)—Dy(1)—O(5)	118.20(16)
O(6)—Dy(1)—O(5)	73.67(15)	O(3)—Dy(1)—O(4)	72.61(15)
O(6)—Dy(1)—O(3)	78.25(15)	O(3)—Dy(1)—O(1)	149.66(17)
O(6)—Dy(1)—O(4)	120.63(16)	O(3)—Dy(1)—O(2)	80.82(15)
O(6)—Dy(1)—O(1)	83.29(16)	O(3)—Dy(1)—N(1)	80.04(15)
O(6)—Dy(1)—O(2)	79.77(15)	O(3)—Dy(1)—N(2)	132.15(16)
O(4)—Dy(1)—O(1)	137.72(17)	O(1)—Dy(1)—O(2)	72.29(17)
O(4)—Dy(1)—O(2)	140.93(16)	O(1)—Dy(1)—N(1)	104.46(16)
O(4)—Dy(1)—N(1)	74.74(16)	O(1)—Dy(1)—N(2)	72.30(17)
O(4)—Dy(1)—N(2)	70.71(17)	O(2)—Dy(1)—N(1)	72.83(15)
N(1)—Dy(1)—N(2)	61.48(16)	O(2)—Dy(1)—N(2)	110.68(16)
配合物 3			
Dy(1)—O(1)	2.310(2)	O(6)—Dy(1)—N(1)	147.17(49)
Dy(1)—O(2)	2.310(2)	O(6)—Dy(1)—N(2)	147.17(49)
Dy(1)—O(3)	2.314(1)	O(5)—Dy(1)—O(4)	76.02(29)
Dy(1)—O(4)	2.341(4)	O(5)—Dy(1)—O(1)	80.61(29)
Dy(1)—O(5)	2.259(1)	O(5)—Dy(1)—O(2)	144.92(29)
Dy(1)—O(6)	2.312(2)	O(5)—Dy(1)—N(1)	83.358(29)
Dy(1)—N(1)	2.564(5)	O(5)—Dy(1)—N(2)	138.48(29)

化学键	键长/Å	化学键	键角/(°)
		配合物 3	
Dy(1)—N(2)	2.594(2)	O(3)—Dy(1)—O(5)	133.97(28)
O(6)—Dy(1)—O(5)	73.223(27)	O(3)—Dy(1)—O(4)	72.115(25)
O(6)—Dy(1)—O(3)	77.543(26)	O(3)—Dy(1)—O(1)	149.978(27)
O(6)—Dy(1)—O(4)	122.66(91)	O(3)—Dy(1)—O(2)	82.57(27)
O(6)—Dy(1)—O(1)	80.78(49)	O(3)—Dy(1)—N(1)	133.97(28)
O(6)—Dy(1)—O(2)	80.78(49)	O(3)—Dy(1)—N(2)	79.97(28)
O(4)—Dy(1)—O(1)	138.86(46)	O(1)—Dy(1)—O(2)	72.206(65)
O(4)—Dy(1)—O(2)	138.86(46)	O(1)—Dy(1)—N(1)	72.878(71)
O(4)—Dy(1)—N(1)	71.24(49)	O(1)—Dy(1)—N(2)	108.44(71)
O(4)—Dy(1)—N(2)	71.24(45)	O(2)—Dy(1)—N(1)	108.439(71)
N(1)—Dy(1)—N(2)	65.52(69)	O(2)—Dy(1)—N(2)	72.878(71)
		配合物 4	
Dy(1)—O(1)	2.2976(19)	O(2)—Dy(1)—N(2)	147.17(49)
Dy(1)—O(2)	2.3011(18)	O(3)—Dy(1)—O(1)	121.55(7)
Dy(1)—O(3)	2.2742(16)	O(3)—Dy(1)—O(2)	78.01(6)
Dy(1)—O(4)	2.3189(18)	O(3)—Dy(1)—O(4)	73.98(6)
Dy(1)—O(5)	2.3431(19)	O(3)—Dy(1)—O(5)	78.01(6)
Dy(1)—O(6)	2.3236(18)	O(3)—Dy(1)—O(6)	82.88(6)
Dy(1)—N(1)	2.583(2)	O(3)—Dy(1)—N(1)	151.59(7)
Dy(1)—N(2)	2.571(2)	O(3)—Dy(1)—N(2)	142.91(7)
O(1)—Dy(1)—O(2)	72.47(6)	O(4)—Dy(1)—O(5)	141.05(6)
O(1)—Dy(1)—O(4)	76.45(6)	O(4)—Dy(1)—O(6)	77.92(7)
O(1)—Dy(1)—O(5)	142.25(6)	O(4)—Dy(1)—N(1)	85.60(6)
O(1)—Dy(1)—O(6)	136.89(6)	O(4)—Dy(1)—N(2)	142.58(6)
O(1)—Dy(1)—N(1)	70.49(7)	O(5)—Dy(1)—N(1)	108.57(7)
O(1)—Dy(1)—N(2)	75.80(7)	O(5)—Dy(1)—N(2)	71.61(6)
O(2)—Dy(1)—O(4)	117.06(7)	O(6)—Dy(1)—O(5)	72.18(6)
O(2)—Dy(1)—O(5)	82.11(6)	O(6)—Dy(1)—N(1)	73.53(6)
O(2)—Dy(1)—O(6)	150.63(6)	O(6)—Dy(1)—N(2)	106.82(6)
O(2)—Dy(1)—N(1)	129.72(6)	N(2)—Dy(1)—N(1)	61.67(7)

2.3.2 晶体结构描述

X 射线单晶衍射分析结果显示，本章中的四例配合物均为单核结构。配合物 1、2、4 均属于三斜晶系，*P*-1 空间群，配合物 3 属于单斜晶系，

$C2/m$ 空间群（表 2.1）。配合物 **1**～**4** 的配位环境图如图 2.2（e）所示，镝离子周围配位几何构型均为扭曲的四方反棱柱（D_{4d}）构型。从图 2.2（a）中可以看出配合物 **1** 的晶胞单元包含了两个晶体学独立的镝离子（Dy1 和 Dy2）和两个相同结构的 N_2O_6 配位基团，其中 6 个 O 原子来自于三个 tmhd 二酮配体，2 个 N 原子来自于 5,5'-$(CH_3)_2$-bpy 配体。图 2.2（b）表明配合物 **2** 的最小不对称单元中包含一个 Dy^{3+}、三个 tmhd 二酮配体的 6 个 O 原子和一个 4,4'-$(CH_3)_2$-bpy 的 2 个 N 原子。图 2.2（c）显示配合物 **3** 的最小不对称单元中同样包含一个 Dy^{3+} 和一个 N_2O_6 配位基团。N_2O_6 中的两个 N 原子来自同一个 4,4'-$(C(CH_3)_3)_2$-bpy 配体，6 个 O 原子来自三个 tmhd 二酮配体。配合物 **4** 的金属中心配位环境同样为八配位，其中，2 个 N 原子来自于 4,4'-$(OCH_3)_2$-bpy 配体，6 个 O 原子来自于 tmhd 配体 [图 2.2（d）]。配合物 **1**～**4** 的键长和键角参数参见表 2.3，**1**～**4** 的平均 Dy—O 键键长依次为 2.317Å、2.310Å、2.307Å 和 2.309Å，平均 Dy—N 键键长依次是 2.567Å、2.594Å、2.579Å 和 2.577Å。此外，值得注意的是配合物 **1**、**2**、**4** 中均存在 π-π 堆积和氢键相互作用，而配合物 **3** 中只有氢键相互作用。通

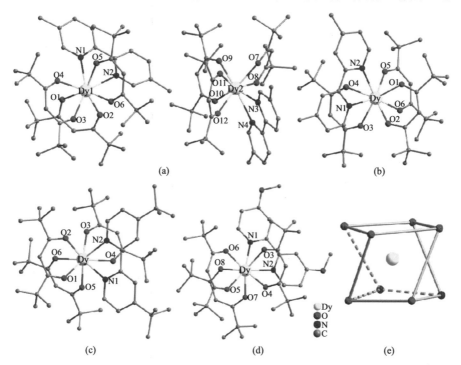

图2.2　配合物中 Dy^{3+} 配位环境图 **1**（a）、**2**（b）、**3**（c）、**4**（d）及配合物 **1**～**4** 的配位几何构型（e）

为了清楚起见，删除了氢原子

常不同形式的分子间相互作用可能会导致不同的偶极-偶极相互作用，最终对配合物的磁行为产生影响。1～4中分子间最短Dy…Dy距离分别为9.911Å、10.352Å、11.501Å和10.211Å，说明其金属节点能够被很好地分隔开，意味着1～4中分子间仅存在非常弱的磁相互作用。

使用SHAPE2.1软件[3]对目标配合物中镝离子的几何形状进行计算，计算结果越接近零，说明其对应的几何构型越接近理想构型，相反，值越大说明与理想构型偏离越大。计算结果如表2.4所示，本章所描述配合物1～4配位构型全部为八配位配合物最理想的四方反棱柱（D_{4d}）构型，其所对应的CShMs(连续形状测量)值分别为0.577(Dy1)和0.516(Dy2)(1)，0.543（2），0.531（3）和0.645（4）［图2.2（e）］。相比而言，配合物1 Dy2离子和配合物3 Dy离子所对应的CShMs值最小，说明其具有更理想的四方反棱柱构型。

表2.4　利用SHAPE 2.1计算得到的配合物1～4中Dy³⁺几何构型结果

构型	ABOXIY				
	1(Dy1)	1(Dy2)	2	3	4
六角双锥 (D_{6h})	16.164	16.571	15.862	16.454	14.754
立方体 (O_h)	9.686	9.856	9.364	9.945	8.168
四方反棱柱 (D_{4d})	0.577	0.516	0.543	0.531	0.645
三角十二面体 (D_{2d})	2.701	2.061	2.386	2.289	2.314
异ım双三角柱 J26 (D_{2d})	16.726	16.380	16.222	16.486	15.857
双三角锥柱 J14 (D_{3h})	27.781	28.247	27.913	27.588	27.926
双侧锥三棱柱 J50 (C_{2v})	3.121	2.697	2.703	2.778	3.116
双侧锥三棱柱 (C_{2v})	2.529	2.124	2.157	2.244	2.590
变棱双五角锥 J84 (D_{2d})	5.459	4.920	5.319	5.067	5.706
三角化四面体 (T_d)	10.463	10.665	10.072	10.695	8.825
长三角双锥体 (D_{3h})	23.508	24.399	23.846	23.902	23.414

注：ABOXIY表示构型偏差值。

2.3.3　X射线粉末衍射分析

为了保证后续磁性研究的可靠性，对制备的多晶样品进行了粉末X射线衍射（PXRD）的测试研究（图2.3）。结果表明，粉末衍射实验曲线和理论模拟曲线吻合度极高，充分确认了样品纯度。

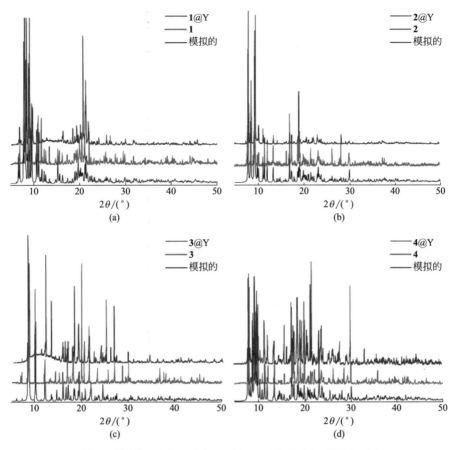

图2.3　配合物 1（a）、2（b）、3（c）、4（d）的粉末X射线衍射图

2.4　磁性表征及分析

首先对目标配合物的变温磁化率进行测试（图2.4），室温下配合物1～4的 $\chi_M T$ 值分别为13.53(cm³·K)/mol、13.51(cm³·K)/mol、13.45(cm³·K)/mol和13.24(cm³·K)/mol，接近理论值14.17(cm³·K)/mol（$^6H_{15/2}$，$g=4/3$）。从300K到100K，随温度的下降配合物 1～4 的 $\chi_M T$ 值均保持平稳下降趋势。当温度降低到1.8K时，配合物1～4的 $\chi_M T$ 值分别下降到9.90(cm³·K)/mol、9.51(cm³·K)/mol、9.49(cm³·K)/mol和9.58(cm³·K)/mol，这主要归因于晶体场分裂，是由 Dy³⁺ 激发态 Stark 亚能级的逐渐解居或分子之间弱

的反铁磁耦合作用所致[4-7]。在 0~50kOe 范围内，不同温度下配合物 **1~4**
的 *M-H* 曲线如图 2.5 所示，四例配合物呈现出相似的变化趋势。在 2K 下，
配合物 **1~4** 磁化强度饱和值分别为 4.49Nβ、5.30Nβ、4.71Nβ 和 5.02Nβ，
显著偏离了理论饱和值 10Nβ。此外，*M-H/T* 曲线在不同温度下并未重叠，
表明配合物 **1~4** 中存在强磁各向异性或低占据激发态[8]（图 2.4）。

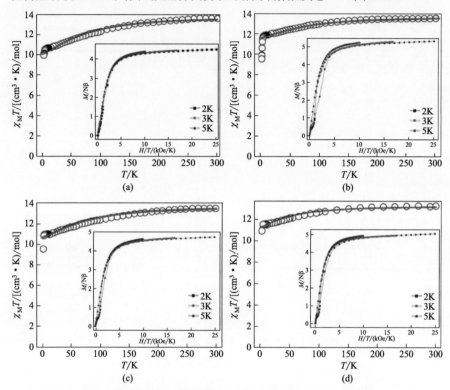

图2.4　配合物 **1**（a）、**2**（b）、**3**（c）、**4**（d）变温磁化率曲线图
插图为不同温度下 **1~4** 的 *M-H/T* 图

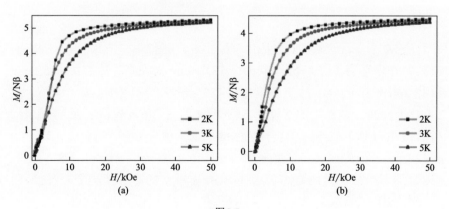

图2.5

二酮镝单分子磁体的制备及性能调控

038

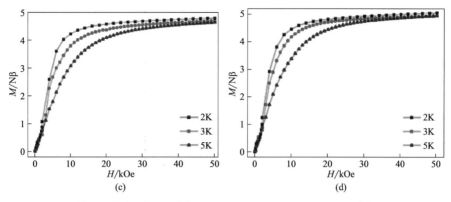

图2.5　基础温度下配合物**1**（a）、**2**（b）、**3**（c）、**4**（d）M-H曲线

为了进一步研究四例配合物的磁动力学行为，在零场下分别对其进行交流磁化率的测试。配合物**1～4**在不同频率下温度依赖的实部（χ'）和虚部（χ''）交流磁化率曲线如图 2.6 和图 2.7 所示，**1～4** 的 χ' 和 χ'' 均显示出明显的温度依赖现象，在 1000Hz 时，配合物 **1～4** 的虚部交流磁化率均有明显的峰值出现，表明配合物 **1～4** 在低温下存在慢磁弛豫行为，这是典型的单分子磁体特性。随着温度的逐渐降低，配合物 **1～4** 的交流磁化率曲线整体上升，这表明存在强的量子隧穿效应（QTM），这样的现象也存在于一些已报道的镧系单离子磁体中[9-12]。此外，对 **1～4** 交流磁化率的频率依赖性进行了研究。如图 2.8 和图 2.9 所示，配合物 **1～4** 的 χ' 和 χ'' 信号显示出频率依赖。随着温度的升高，四种配合物的虚部的 χ'' 峰值平稳地从低频区转移到高频区。随后，其 χ'' 峰值均表现出弱的频率依赖性，进一步说明零场下配合物的磁行为受到量子隧穿效应的影响。

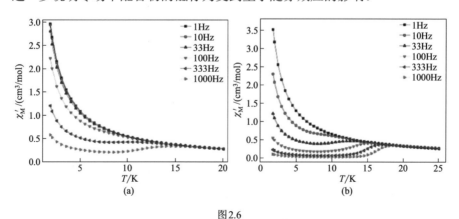

图2.6

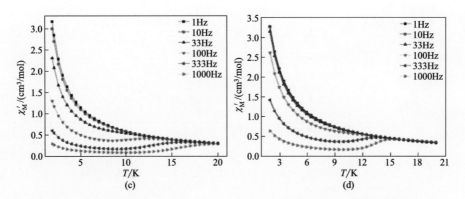

图2.6 零场下配合物 **1**（a）、**2**（b）、**3**（c）、**4**（d）温度依赖的χ′交流磁化率曲线

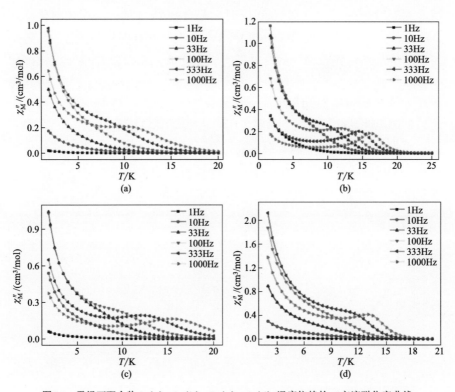

图2.7 零场下配合物**1**（a）、**2**（b）、**3**（c）、**4**（d）温度依赖的χ″交流磁化率曲线

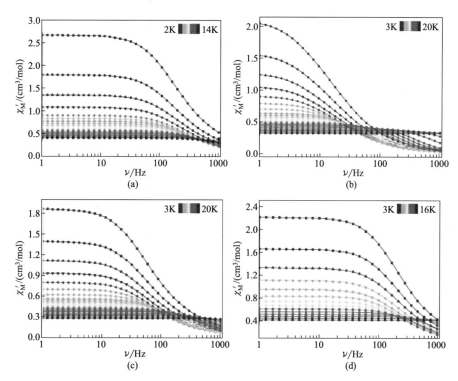

图2.8 零场下配合物**1**（a）、**2**（b）、**3**（c）、**4**（d）频率依赖的χ'交流磁化率曲线

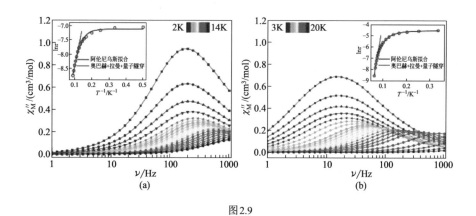

图2.9

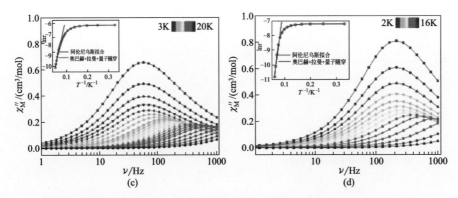

图2.9　零场下配合物1（a）、2（b）、3（c）、4（d）频率依赖的χ''交流磁化率曲线

依据配合物**1～4**频率依赖的χ''交流磁化率曲线的最大值，得到弛豫时间的对数$\ln\tau$与温度的倒数T^{-1}的关系如图2.9所示，较高温区用阿伦尼乌斯公式对数据进行线性拟合得到指前因子（τ_0）和有效能垒（U_{eff}）。经计算得到配合物**1～4**的能垒分别为30.19K、125.82K、84.56K和129.17 K，τ_0值分别为1.06×10^{-6}s、8.42×10^{-8}s、6.61×10^{-7}s和7.17×10^{-9}s。配合物**1～4**的τ_0值在10^{-11}～10^{-6}s范围内，可判断四例配合物为单分子磁体。这四种化合物在高温条件下都表现出$\ln\tau$对T^{-1}的线性依赖性，表明通过奥巴赫机制进行弛豫。然而，在较低温度下可以观察到弱的温度依赖性，表明存在拉曼弛豫过程。因此，对于配合物**1～4**，奥巴赫过程、拉曼过程和QTM多重弛豫过程的结合可以更好地模拟实验数据，利用式（2.1）进行拟合：

$$\tau^{-1} = \tau_{\text{QTM}}^{-1} + CT^n + \tau_0^{-1}\exp[-U_{\text{eff}}/(kT)] \qquad (2.1)$$

拟合结果分别为：**1**，U_{eff}=38.68K，τ_0=9.69×10^{-6} s，C=0.11，n=3.99，τ_{QTM}=8.01×10^{-4}s；**2**，U_{eff}=213.85K，τ_0=4.32×10^{-10}s，C=0.01，n=4.29，τ_{QTM}=1.05×10^{-2}s；**3**，U_{eff}=202.23K，τ_0=5.60×10^{-9}s，C=0.005，n=5.01，τ_{QTM}=2.08×10^{-2}s；**4**，U_{eff}=216.1K，τ_0=3.17×10^{-11}s，C=0.002，n=5.50，τ_{QTM}=6.99×10^{-4}s。利用**1～4**的实部和虚部数据，得到了它们的Cole-Cole曲线图（图2.10），所有的曲线均呈现半圆形图案。用德拜（Debye）模型对其进行拟合，得到配合物**1～4**的α值的范围如表2.5～表2.8所示。配合物**1**为0.04～0.15，配合物**2**为0.10～0.28，配合物**3**为0.01～0.25，配合物**4**为0.01～0.14，均对应于相对较窄的弛豫时间的分布。

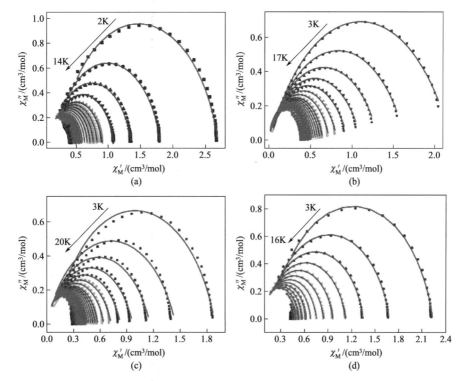

图2.10 零场下配合物 **1**（a）、**2**（b）、**3**（c）、**4**（d）的Cole-Cole 曲线图

实线为拟合曲线

表2.5 零场下配合物1的Cole-Cole拟合参数表

T/K	χ_T	χ_S	α
2.0	2.268	0.262	0.149
3.0	1.804	0.181	0.151
4.0	1.355	0.145	0.148
5.0	1.085	0.124	0.140
6.0	0.904	0.111	0.125
6.5	0.834	0.105	0.115
7.0	0.774	0.100	0.104
7.5	0.722	0.095	0.093
8.0	0.677	0.088	0.083
8.5	0.637	0.083	0.074

T/K	χ_T	χ_S	α
9.0	0.602	0.077	0.066
9.5	0.570	0.072	0.062
10.0	0.542	0.067	0.058
10.5	0.523	0.063	0.057
11.0	0.492	0.061	0.059
11.5	0.472	0.059	0.057
12.0	0.452	0.063	0.058
12.5	0.434	0.069	0.057
13.0	0.418	0.076	0.055
14.0	0.403	0.017	0.040

表2.6　零场下配合物2的Cole-Cole拟合参数表

T/K	χ_T	χ_S	α
3.0	2.176	0.052	0.276
4.0	1.636	0.049	0.273
5.0	1.324	0.043	0.283
6.0	1.104	0.038	0.274
7.0	0.945	0.035	0.257
8.0	0.823	0.032	0.235
9.0	0.728	0.029	0.210
10.0	0.651	0.027	0.186
10.5	0.618	0.026	0.174
11.0	0.589	0.026	0.161
11.5	0.562	0.024	0.150
12.0	0.537	0.021	0.138
12.5	0.515	0.019	0.126
13.0	0.494	0.019	0.115
13.5	0.475	0.017	0.104

表2.7　零场下配合物3的Cole-Cole拟合参数表

T/K	χ_T	χ_S	α
3.0	1.884	0.102	0.184
4.0	1.442	0.094	0.247
5.0	1.153	0.089	0.245
6.0	0.962	0.092	0.241
7.0	0.824	0.088	0.231
8.0	0.719	0.087	0.215
9.0	0.637	0.085	0.192

T/K	χ_T	χ_S	α
10.0	0.571	0.079	0.166
10.5	0.543	0.077	0.153
11.0	0.517	0.076	0.141
11.5	0.493	0.074	0.129
12.0	0.472	0.069	0.118
12.5	0.453	0.064	0.107
13.0	0.435	0.061	0.098
13.5	0.419	0.057	0.089
14.0	0.404	0.054	0.081
14.5	0.389	0.049	0.074
15.0	0.376	0.045	0.067
16.0	0.354	0.042	0.055
17.0	0.334	0.038	0.041
18.0	0.315	0.034	0.025
19.0	0.298	0.031	0.018
20.0	0.284	0.025	0.012
14.0	0.457	0.015	0.095
14.5	0.441	0.014	0.086
15.0	0.426	0.010	0.079
16.0	0.399	0.008	0.069
17.0	0.376	0.007	0.058

表2.8　零场下配合物4的Cole-Cole拟合参数表

T/K	χ_T	χ_S	α
3.0	2.222	0.203	0.132
4.0	1.666	0.149	0.136
5.0	1.334	0.116	0.139
6.0	1.112	0.096	0.138
7.0	0.954	0.084	0.133
8.0	0.835	0.077	0.121
9.0	0.742	0.072	0.104
10.0	0.666	0.067	0.082
11.0	0.605	0.062	0.061
12.0	0.554	0.057	0.039
13.0	0.511	0.050	0.021
14.0	0.475	0.033	0.018
15.0	0.444	0.031	0.012
16.0	0.418	0.021	0.010

为了有效抑制量子隧穿过程，在 1200Oe 的外加场下对配合物 **1~4** 交流磁化率进行测试。在最优场下，配合物 **1~4** 的交流磁化率曲线都表现出了显著的温度和频率依赖。不同频率下配合物 **1~4** 温度依赖的 χ' 和 χ'' 交流磁化率曲线如图 2.11 和图 2.12 所示，均表现出明显的温度依赖峰，表明四例配合物均发生了场诱导的慢磁弛豫过程，并且磁量子隧穿效应在外加场的条件下得到了有效抑制。图 2.13 和图 2.14 为配合物 **1~4** 频率依赖的交流磁化率曲线，由图可知四例配合物也都表现出明显的频率依赖。随温度升高，配合物 **1~4** 的 χ'' 交流磁化率的最大值平稳地从低频区向高频区移动。依据频率依赖的 χ'' 交流磁化率曲线的最大值，得到弛豫时间的对数 $\ln\tau$ 与温度的倒数 T^{-1} 的关系如图 2.14 所示，在较高温区用阿伦尼乌斯公式对数据进行线性拟合，得到配合物 **1~4** 的 U_{eff} 分别为 78.03K、161.2K、160.32K 和 229.44K，τ_0 值分别为 2.8×10^{-7}s、1.03×10^{-8}s、1.46×10^{-8}s 和 1.12×10^{-11}s。配合物 **1~4** 的 τ_0 值在 10^{-11}~10^{-6}s 范围内，可判断四例配合物为单分子磁体。值得注意的是，插图中的数据随着温度的降低呈现弯曲，可能是因为其他弛豫过程的存在。此外，由于在加场测试后并没有出现温度独立的阶段，因此较为微弱的 QTM 和直接过程可以近似忽略。基于此，弛豫时间的拟合可以考虑同时存在奥巴赫过程和拉曼过程。根据式（2.2）对所有数据点进行全拟合 [13]：

$$\tau^{-1} = BT^n + \tau_0^{-1}\exp[-U_{eff}/(kT)] \tag{2.2}$$

如图 2.12 所示，得到的拟合数据分别为：**1**，U_{eff}=161.3K，τ_0=1.38 $\times 10^{-9}$s，B=0.002，n=5.96；**2**，U_{eff}=232.2K，τ_0=1.46×10^{-10}s，B=0.0002，n=5.66；**3**，U_{eff}=271.33K，τ_0=1.38×10^{-9}s，B=8.89×10^{-5}，n=6.33；**4**，U_{eff}=264.64 K，τ_0=1.55×10^{-12}s，B=4.18×10^4，n=5.84。研究表明，在较高温区 $\ln\tau$ 具有较好的线性相关，表明了在高温区奥巴赫弛豫过程占主导地位，在低温区偏离意味着光学拉曼弛豫过程在此温度区间占主导地位。配合物 **1~4** 的 Cole-Cole 曲线呈半圆状（图 2.15），用德拜模型对数据进行拟合，如表 2.9~表 2.12 所示，配合物 **1~4** 的 α 参数分别为 0.16~0.25、0.05~0.27、0.01~0.16 和 0.01~0.11，表明弛豫时间分布较窄。

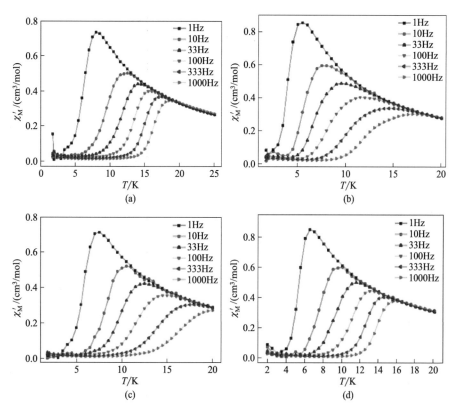

图2.11 加场下配合物 **1**（a）、**2**（b）、**3**（c）、**4**（d）温度依赖的χ'交流磁化率曲线

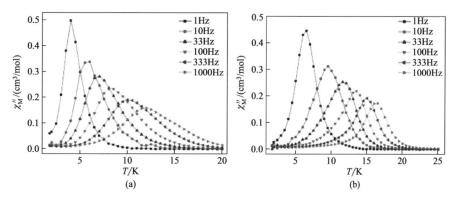

图2.12

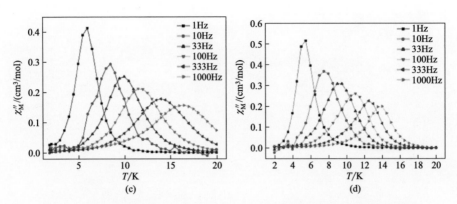

图2.12 加场下配合物 **1**（a）、**2**（b）、**3**（c）、**4**（d）温度依赖的 χ'' 交流磁化率曲线

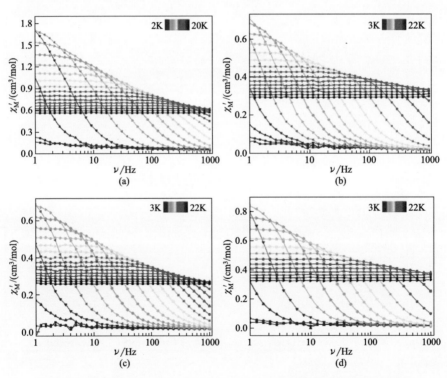

图2.13 加场下配合物 **1**（a）、**2**（b）、**3**（c）、**4**（d）频率依赖的 χ' 交流磁化率曲线

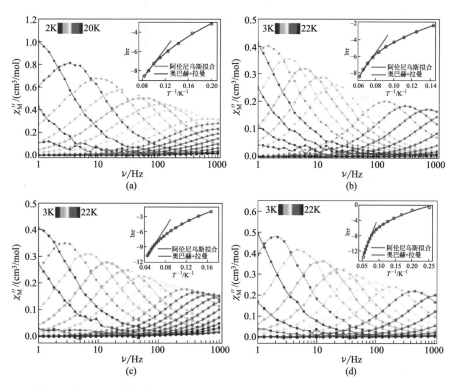

图2.14 加场下配合物 **1**（a）、**2**（b）、**3**（c）、**4**（d）频率依赖的χ″交流磁化率曲线

插图：配合物**1**~**4**的 ln τ-T⁻¹ 曲线

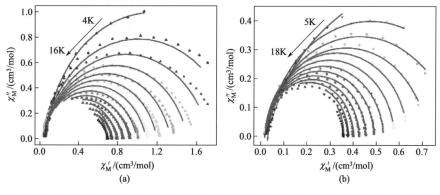

图2.15

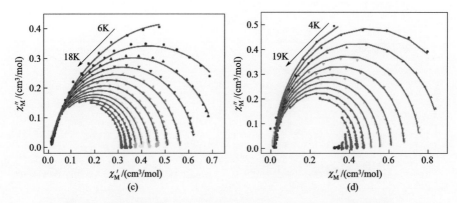

图2.15 加场下配合物 1（a）、2（b）、3（c）、4（d）的Cole-Cole曲线图

实线为拟合曲线

表2.9 加场下配合物 1 的 Cole-Cole 拟合参数表

T/K	χ_T	χ_S	α
4	2.254	0.068	0.160
5	2.208	0.063	0.155
6	1.804	0.058	0.176
7	1.567	0.055	0.184
8	1.385	0.049	0.186
9	1.233	0.046	0.186
10	1.111	0.043	0.191
11	1.014	0.037	0.206
12	0.932	0.034	0.226
13	0.863	0.029	0.245
14	0.799	0.025	0.246
15	0.744	0.020	0.228
16	0.699	0.017	0.200

表2.10 加场配合物 2 的 Cole-Cole 拟合参数表

T/K	χ_T	χ_S	α
5	5.876	0.018	0.272
6	1.499	0.017	0.197
7	0.915	0.029	0.069
8	0.832	0.016	0.106
9	0.720	0.016	0.086
10	0.647	0.017	0.086
11	0.585	0.018	0.084

T/K	χ_T	χ_S	α
12	0.535	0.026	0.085
13	0.494	0.041	0.085
14	0.457	0.044	0.086
15	0.427	0.032	0.089
16	0.399	0.030	0.085
17	0.376	0.027	0.072
18	0.355	0.024	0.046

表2.11　加场配合物3的Cole-Cole拟合参数表

T/K	χ_T	χ_S	α
6	1.079	0.013	0.155
7	0.844	0.012	0.127
8	0.719	0.012	0.104
9	0.629	0.012	0.086
10	0.564	0.013	0.076
11	0.509	0.014	0.059
12	0.467	0.013	0.063
13	0.432	0.011	0.064
14	0.400	0.007	0.067
15	0.374	0.018	0.038
16	0.352	0.021	0.031
17	0.332	0.019	0.027
18	0.312	0.043	0.007

表2.12　加场配合物4的Cole-Cole拟合参数表

T/K	χ_T	χ_S	α
4	0.613	0.026	0.111
5	1.090	0.023	0.107
6	0.985	0.024	0.102
7	0.865	0.022	0.086
8	0.760	0.020	0.076
9	0.679	0.020	0.068
10	0.613	0.021	0.063
11	0.557	0.023	0.059
12	0.512	0.027	0.054
13	0.473	0.031	0.038
14	0.440	0.042	0.023
15	0.412	0.058	0.021
16	0.387	0.094	0.018

T/K	χ_T	χ_S	α
17	0.366	0.015	0.015
18	0.346	0.019	0.011
19	0.328	0.026	0.007

  双稳态分子磁体的另一个重要特点是磁滞回线。本章中四例配合物的磁滞回线如图 2.16 所示，配合物 **1**~**4** 都表现出了蝴蝶状的磁滞回线，说明发生了明显的磁滞，但开口大小略有差异，造成该现象的主要原因是量子隧穿比不同，**1** 较其他三种配合物 QTM 弛豫过程更快。配合物 **2**~**4** 具有较大的开口相应地具有较高的能垒值。上述研究表明配合物配位几何构型微小的变化致使四例配合物偶极 - 偶极相互作用不同，这必然会对其单轴磁各向异性产生影响。

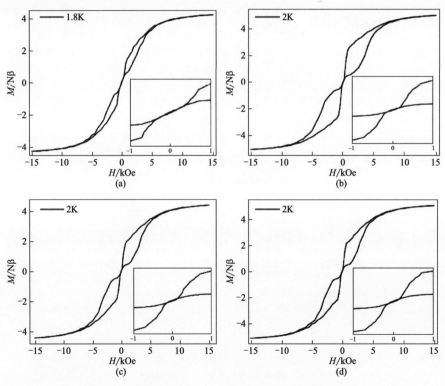

图 2.16 配合物 **1**（a）、**2**（b）、**3**（c）、**4**（d）的磁滞回线图

  此外，为了确定相邻镝离子之间偶极 - 偶极相互作用对磁弛豫行为的影响，我们使用 Dy^{3+} 盐与 Y^{3+} 盐按照物质的量比 1：19 进行掺杂混

合，结合有机配体合成系列掺杂样品 1@Y～4@Y。在零场条件下，测试了掺杂样品 1@Y～4@Y 的温度依赖交流磁化率。如图 2.17 和图 2.18 所示，与掺杂之前的单一配合物相比，掺杂体系在零场低频下就可观察到较强的虚部摩尔磁化率信号峰，说明了磁相互作用（或者偶极 - 偶极相互作用）导致的 QTM 被部分抑制。但是随着温度的进一步降低，掺杂样品 1@Y～4@Y 的交流磁化率曲线整体上升，说明 QTM 依旧存在。利用阿伦尼乌斯公式对以上的实验数据进行线性拟合，得到四例稀释样的有效能垒（U_{eff}）分别为 40.27K、126.63K、88.47K 和 137.40K；τ_0 值分别为 1.97×10^{-7}s、8.69×10^{-8}s、5.95×10^{-7}s 和 6.64×10^{-9}s（图 2.19）。与未稀释的样品相比，其有效势垒有略微的增加，同时其磁弛豫的增强也表明镝中心之间的弱偶极 - 偶极相互作用导致的磁量子隧穿效应被部分抑制。此外，四例掺杂样品的磁滞回线如图 2.20 所示，配合物 1@Y～4@Y 都呈现出与 1～4 相似的蝴蝶状的磁滞回线，但与掺杂之前的单一配合物相比，在 0Oe 开口更加明显，说明 QTM 得到了一定程度的抑制。

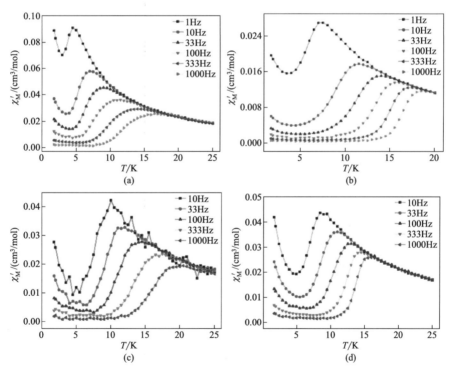

图2.17　零场下配合物 1@Y（a）、2@Y（b）、3@Y（c）、4@Y（d）
温度依赖的 χ' 交流磁化率曲线

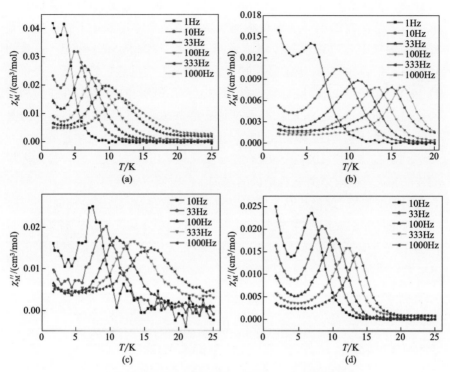

图2.18　零场下配合物**1**@Y（a）、**2**@Y（b）、**3**@Y（c）、
4@Y（d）温度依赖的χ''交流磁化率曲线

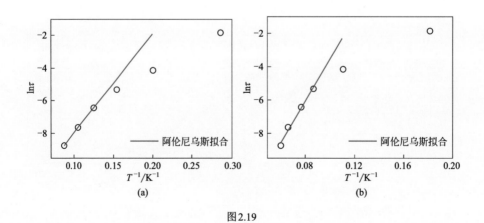

图2.19

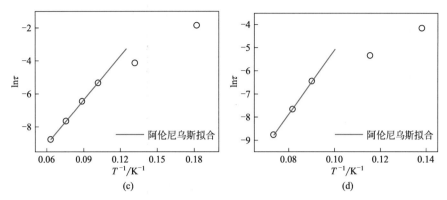

图2.19　零场下配合物 **1@Y**（a）、**2@Y**（b）、**3@Y**（c）、**4@Y**（d）的 ln τ-T^{-1} 曲线

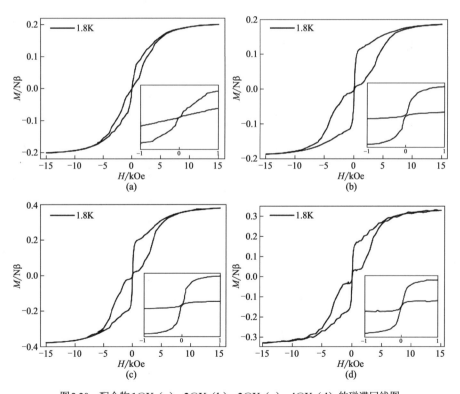

图2.20　配合物 **1@Y**（a）、**2@Y**（b）、**3@Y**（c）、**4@Y**（d）的磁滞回线图

2.5 理论计算与分析

使用 MOLCAS 8.0 软件进行理论计算[14]。具体操作步骤：基于配合物 1~4 的 X 射线单晶衍射测试得到的镝节点配位构型，使用完全活性空间自洽场（CASSCF）方法完成计算。所有原子的基组都是来自 MOLCAS 中 ANO-RCC 数据库中的原子自然轨道基组：镝离子采用 ANO-RCC-VTZP 基组；相邻 N、O 原子采用 VTZ 基组；较远的原子采用 VDZ 基组。计算采用了二阶 Douglas-Kroll-Hess 哈密顿函数，其中所有基组都考虑了相对论效应。同时也使用计算自旋 - 轨道耦合的 RASSI 程序计算相应能级。在 CASSCF 计算中，磁性中心的 4f 电子分布在 7 个轨道上，CAS（9 in7）❶。为了排除可能的疑问，在有效空间内计算了金属离子的所有电子态。由于计算机硬件的限制，最大限度地用所有自旋 - 自由态（21 个六重态，128 个四重态及 130 个二重态）。

为了探究配合物 1~4 磁性差异的原因，以及进一步了解慢磁弛豫机理，按照上述理论计算方法，得出配合物 1~4 的 8 个最低 KD_s 的相对能量和 g 张量（表 2.13）。其中，四例配合物的有效 g_z 因子接近 Ising 极限值 20，反映了四例配合物中的镝离子均表现出易轴型的磁各向异性。相比于配合物 1，2~4 具有较大的 g_z 张量（2，19.595；3，19.510；4，19.705），因此有较强的单轴磁各向异性。图 2.21 显示了 1~4 的磁各向异性轴方向，配合物 1 Dy1 和配合物 4 中心镝离子的磁轴方向几乎指向同一方向，即平行于两个 β- 二酮分子的 4 个 O 原子组成的平面，垂直于帽式 N- 辅助配体的 2 个 N 原子与一个 β- 二酮分子的 2 个 O 原子所组成的平面。配合物 2 的磁各向异性轴方向帽式 N- 辅助配体的 2 个 N 原子与一个 β- 二酮分子的 2 个 O 原子所组成的平面，垂直于两个 β- 二酮分子的 4 个 O 原子组成的平面。而配合物 1 Dy2 和配合物 3 中心镝离子的磁轴方向指向一个 β- 二酮分子的 1 个 O 原子。令人欣慰的是，从头计算模拟得到的单核分子的 $\chi_M T$ 与 T 曲线与实验结果相当吻合，这表明有强的单离子各向异性，说明计算结果具有相当的可信度。

对配合物 1~4 伴随着反向磁化从二重态基态的最大磁化态到时间翻转态的有效弛豫路径进行研究[15]。如图 2.22 所示，配合物 1~4 的基态

---

❶ 指9个电子分布在7个活化轨道上。

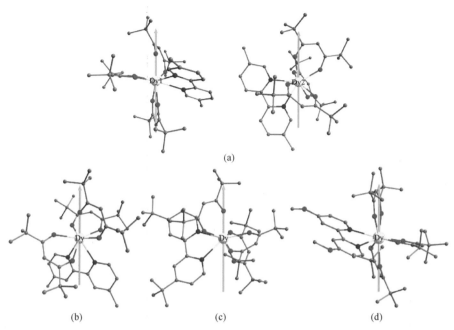

(a)

(b)　　　　　　　　(c)　　　　　　　　(d)

图2.21　配合物 **1**（a）、**2**（b）、**3**（c）、**4**（d）的磁各向异性轴方向

自旋轨道态的横向磁矩范围在 $10^{-4}\sim10^{-3}\mu_B$ 之间，表明了在基态时，磁量子隧穿效应被适当抑制。同时，计算表明 **1**～**4** 的第一激发态的横向磁矩（约为 $10^{-2}\mu_B$）导致了较明显的QTM，尤其是 **1** Dy2，横向磁矩达到了 $0.144\mu_B$。g因子的较大横向分量可能导致两种Kramers基态的结合，从而产生零场QTM，该值越小代表QTM 越弱[16]。基态时配合物 **2**～**4** 的 $g_{x,y}$ 参数均低于0.005，而配合物 **1** Dy2的 $g_{x,y}$ 值为0.005、0.015，表明了零场下 **1** 具有较强的QTM[17]。尽管 **2**～**4** 零场下的QTM效应被部分抑制使目标配合物表现慢磁弛豫行为，但是QTM效应依然存在，这可以从交流磁化率测试中 χ'' 曲线随温度降低而逐渐升高得以证实（图2.7）。因此，理论计算很好地解释了 **1**～**4** 零场下的单离子行为。

　　一般地，基于 Ln^{3+} 的热活化奥巴赫弛豫机制拟合得到的 U_{eff} 对应于基态和第一激发态的能隙。由表2.13可知，配合物 **1**～**4** 理论能隙都明显偏离零场下的实验值，尤其是配合物 **1** 的理论能隙尽管很大，但是基态下的强 QTM 导致其能垒不是很理想[18]。合理地施加外加直流场后，**1**～**4** 理论计算得到的能垒与多重弛豫过程拟合得到的能垒能够很好地吻合。

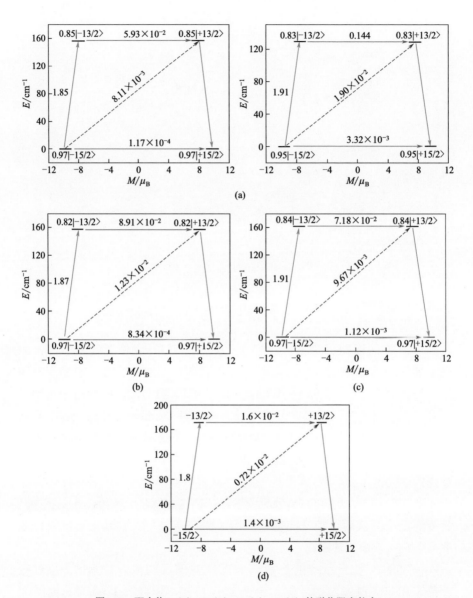

图2.22　配合物 **1**（a）、**2**（b）、**3**（c）、**4**（d）的磁化阻塞能垒

绿线代表对角量子隧穿，绿色箭头上的数据代表 Kramers 二重态基态的横向磁矩。非水平方向的箭头代表自旋声子跃迁路径。蓝线代表非对角的从基态到第一激发态磁翻转的奥巴赫过程，其上面的数字代表横向磁矩。最上方排列的黑色粗线代表 Kramers 二重态，按磁轴方向磁矩的数量排布。箭头上的数字代表相关态的磁矩转换矩阵元(μ_B)的平均绝对值

表 2.13　配合物1~4的八个最低KDs及其相对应的能量E和g张量

KDs	1(Dy1)				1(Dy2)				2			
	E/cm^{-1}	g_x	g_y	g_z	E/cm^{-1}	g_x	g_y	g_z	E/cm^{-1}	g_x	g_y	g_z
1	0.00	0.000	0.001	19.545	0.00	0.005	0.015	19.319	0.00	0.002	0.003	19.595
2	156.69	0.125	0.202	16.238	128.90	0.285	0.474	15.741	156.96	0.224	0.277	16.246
3	228.59	1.685	3.432	11.814	189.38	2.142	3.916	11.499	218.27	1.912	4.083	12.987
4	268.73	6.347	5.698	4.024	225.81	7.645	5.885	2.634	245.65	3.466	5.039	8.542
5	316.00	2.005	2.659	11.105	269.23	2.473	3.069	10.706	284.13	0.453	2.434	11.026
6	383.58	0.177	0.332	15.880	336.97	0.443	0.698	16.982	340.59	0.601	0.901	16.584
7	506.90	0.054	0.097	17.219	425.02	0.018	0.110	17.600	457.77	0.012	0.118	17.428
8	547.52	0.038	0.139	18.359	490.62	0.020	0.083	18.902	516.33	0.019	0.064	18.562

KDs	3				4			
	E/cm^{-1}	g_x	g_y	g_z	E/cm^{-1}	g_x	g_y	g_z
1	0.00	0.003	0.004	19.510	0.00	0.003	0.005	19.705
2	162.06	0.137	0.237	15.664	171.3	0.001	0.072	16.783
3	237.88	0.725	0.935	12.434	232.6	2.145	4.027	14.275
4	298.32	0.827	1.946	9.404	266.8	8.710	5.813	2.020
5	345.04	3.829	5.401	8.605	317.9	1.750	3.143	11.679
6	389.03	1.443	3.473	13.880	386.8	0.692	1.098	15.521
7	513.79	0.014	0.067	15.688	524.3	0.013	0.153	15.082
8	560.57	0.000	0.035	17.549	563.8	0.021	0.172	16.863

为了进一步探究配合物 1~4 磁各向异性的不同，对其中心镝离子及其周围原子的电荷分布情况进行计算分析（表 2.14）。结合图 2.22 中 1~4 磁化阻塞能垒的分析结果，发现只有当低洼的基态 $|\pm15/2\rangle$ Kramers 二重态被完全占据[19]，才有可能发生明显的易轴各向异性。同时低洼的基态更倾向于负电荷分布在轴向的配位场，这样可以有效减小 f 轨道电子云与配体间的排斥作用，进而使 $|\pm15/2\rangle$ Kramers 二重态变得很稳定，最终产生强的磁各向异性。如表 2.14 所示，对于配合物 1 而言，与其他三例配合物相比，其赤道面的两个 N 原子贡献了最低的平均负电荷，说明该配位场下 $|\pm15/2\rangle$ Kramers 二重态是不稳定的，从而产生较弱的易轴配位场，对应于较大的 $g_{x,y}$ 基态的值。因此，配合物 1 显示了较弱的磁各向异性。

表 2.14　CASSCF 计算配合物1~4基态每个原子的NBO电荷分析结果

原子	1（Dy1）	1（Dy2）	2	3	4
Dy	2.5382	2.5389	2.5382	2.5293	2.5390
O1	−0.7598	−0.7357	−0.7496	−0.7805	−0.7564
O2	−0.7549	−0.7355	−0.7377	−0.7683	−0.7554
O3	−0.7654	−0.7418	−0.7675	−0.7671	−0.7631
O4	−0.7665	−0.7454	−0.7279	−0.7451	−0.7602
O5	−0.7400	−0.7815	−0.7508	−0.7272	−0.7559
O6	−0.7235	−0.7278	−0.7626	−0.7360	−0.7633
N1	−0.3187	−0.3238	−0.3377	−0.3451	−0.3446
N2	−0.3190	−0.3312	−0.3330	−0.3440	−0.3472

研究发现，配合物 **2**～**4** 相比配合物 **1** 而言具有更高的各向异性能垒（超过三倍）。观察四例配合物的结构可以发现，配合物 **1** 中帽式辅助配体的取代基位于间位，而在 **2**～**4** 中取代基位于对位，致使配合物 **1** 具有比其他三例配合物更短的 Dy…Dy 距离，不同的偶极相互作用都足以导致它们产生不同的交换偏置，进而在无外加场下表现出不同的量子隧穿比 [20,21]。这与配合物 **1**～**4** 磁滞回线的测试结果相对应，因此 **1** 在零场表现出较强的磁量子隧穿效应和较低的能垒。此外，配位环境的改变和静电势分布仍可能会导致其产生大的横截面各向异性，二者共同导致了配合物 **1** 在低温范围内发生较快的量子隧穿。因此，配合物 **1** 的有效能垒低于 **2**～**4**。综上所述，配位环境、静电势、自旋轨道耦合和偶极相互作用 [22,23] 等多种因素协同起来共同影响了镝 -SMMs 的磁性。

本章表明，中心镝离子周围的配位场对镝基单分子磁体的磁动力学行为具有重要的影响，在 β- 二酮 - 镝体系中引入具有不同末端取代基的双齿帽式含氮辅助配体能够实现对目标单分子磁体结构和磁性的良性调控。

参考文献

[1] Sheldrick G M. Program for empirical absorption correction of area detector data[J]. Sadabs, 1996.

[2] Sheldrick G M. SHELXS-2018 and SHELXL-2018, program for crystal structure determination[D]. University of Göttingen: Göttingen, Germany, 2018.

[3] Casanova D, Llunell M, Alemany P, et al. The rich stereochemistry of eight-vertex polyhedra: a continuous shape measures study [J]. Chemistry-A European Journal, 2005, 11(5): 1479-1494.

[4] Zhang P, Zhang L, Wang C, et al. Equatorially coordinated lanthanide single ion magnets[J]. Journal of the American Chemical Society, 2014, 136(12): 4484-4487.

[5] Guo Y N, Ungur L, Granroth G E, et al. An NCN-pincer ligand dysprosium single-ion magnet showing magnetic relaxation via the second excited state[J]. Scientific Reports, 2014, 4: 5471.

[6] Liu X Y, Li F F, Ma X H, et al. Coligand modifications fine-tuned the structure and magnetic properties of two triple-bridged azido-Cu(Ⅱ) chain compounds exhibiting ferromagnetic ordering and slow relaxation[J]. Dalton Transactions, 2017, 46(4): 1207-1217.

[7] Cen P P, Zhang S, Liu X Y, et al. Electrostatic potential determined magnetic dynamics observed in two mononuclear β-diketone dysprosium(Ⅲ) single-molecule magnets[J]. Inorganic Chemistry, 2017, 56(6): 3644-3656.

[8] Abbas G, Lan Y, Kostakis G E, et al. Series of isostructural planar lanthanide complexes [Ln$^{\mathrm{III}}_4$ (μ_3-OH)$_2$(mdeaH)$_2$(piv)$_8$] with single molecule magnet behavior for the Dy$_4$ analogue[J]. Inorganic Chemistry, 2010, 49(17): 8067-8072.

[9] Dong Y, Yan P, Zou X, et al. Azacyclo-auxiliary ligand-tuned SMMs of dibenzoylmethane

Dy (Ⅲ) complexes[J]. Inorganic Chemistry Frontiers, 2015, 2(9): 827-836.

[10] Dong Y, Yan P, Zou X, et al. Exploiting single-molecule magnets of β-diketone dysprosium complexes with C_{3v} symmetry: suppression of quantum tunneling of magnetization[J]. Journal of Materials Chemistry C, 2015, 3(17): 4407-4415.

[11] Zhang S, Ke H, Sun L, et al. Magnetization dynamics changes of dysprosium(Ⅲ) single-ion magnets associated with guest molecules[J]. Inorganic Chemistry, 2016, 55(8): 3865-3871.

[12] Tong Y Z, Gao C, Wang Q L, et al. Two mononuclear single molecule magnets derived from dysprosium(Ⅲ) and tmphen (tmphen = 3, 4, 7, 8-tetramethyl-1, 10-phenanthroline)[J]. Dalton Transactions, 2015, 44(19): 9020-9026.

[13] Gao F, Yao M X, Li Y Y, et al. Syntheses, structures, and magnetic properties of seven-coordinate lanthanide porphyrinate or phthalocyaninate complexes with Kläui's tripodal ligand[J]. Inorganic Chemistry, 2013, 52(11): 6407-6416.

[14] Karlström G, Lindh R, Malmqvist P Å, et al. MOLCAS: a program package for computational chemistry[J]. Computational Materials Science, 2003, 28(2): 222-239.

[15] Rinehart J D, Fang M, Evans W J, et al. A N_2^{3-} Radical-bridged terbium complex exhibting magnetic hysteresis at 14K[J]. Journal of the American Chemical Society, 2011, 133(36): 14236-14239.

[16] Liu J, Chen Y C, Liu J L, et al. A stable pentagonal bipyramidal Dy (Ⅲ) single-ion magnet with a record magnetization reversal barrier over 1000 K[J]. Journal of the American Chemical Society, 2016, 138(16): 5441-5450.

[17] Aravena D, Ruiz E. Shedding light on the single-molecule magnet behavior of mononuclear Dy(Ⅲ) complexes[J]. Inorganic Chemistry, 2013, 52(23): 13770-13778.

[18] Oyarzabal I, Ruiz J, Seco J M, et al. Rational electrostatic design of easy-axis magnetic anisotropy in a $Zn^{Ⅱ}$-$Dy^{Ⅲ}$-$Zn^{Ⅱ}$ single molecule magnet with a high energy barrier[J]. Chemistry-A European Journal, 2014, 20(44): 14262-14269.

[19] Langley S K, Wielechowski D P, Vieru V, et al. Modulation of slow magnetic relaxation by tuning magnetic exchange in {Cr_2Dy_2} single molecule magnets[J]. Chemical Science, 2014, 5(8): 3246-3256.

[20] Horii Y, Katoh K, Cosquer G, et al. Weak Dy(Ⅲ)-Dy(Ⅲ) interactions in Dy(Ⅲ)-phthalocyaninato multiple-decker single-molecule magnets effectively suppress magnetic relaxation[J]. Inorganic Chemistry, 2016, 55(22): 11782-11790.

[21] Wernsdorfer W, Aliaga-Alcalde N, Hendrickson D N, et al. Exchange-biased quantum tunnelling in a supramolecular dimer of single-molecule magnets[J]. Nature, 2002, 416(6879): 406.

[22] Sorace L, Benelli C, Gatteschi D. Lanthanides in molecular magnetism: old tools in a new field[J]. Chemical Society Reviews, 2011, 40(6): 3092-3104.

[23] Ungur L, Lin S Y, Tang J, et al. Single-molecule toroics in Ising-type lanthanide molecular clusters[J]. Chemical Society Reviews, 2014, 43(20): 6894-6905.

第**3**章

辅助配体结构修饰调控β-二酮镝配合物

3.1 引言

前文第 2 章研究结果表明，帽式辅助配体引入 β- 二酮镝体系易获得高对称性的 D_{4d} 四方反棱柱几何构型，同时，除金属离子几何构型的对称性外，自旋中心周围的静电势分布同样扮演着极其重要的角色，辅助配体的调控效应值得关注。众所周知，镝离子具有较大的半径和灵活的配位几何构型，而磁各向异性对配位微环境的变化和晶体场效应非常敏感，即使配合物的结构和几何对称性类似，细微的区别也可能引起不可忽视的性能差异。因此，在同一体系中对同类辅助配体的结构进行修饰是微调配位几何构型和调节磁性能的重要手段，相关研究有助于分析归纳影响结构和磁性的重要因素，提升构筑高性能稀土镝单分子磁体的实验和理论认知。本章内容以给电子能力较强的双侧叔丁基二酮配体为构筑基元，选择空间位阻不同、结构修饰的五个双齿帽式含氮化合物为辅助配体，以获得的五例单核 β- 二酮镝配合物为研究对象，研究辅助配体结构的微调对配合物中金属离子的配位几何和离子间相互作用的调节作用，进而有效调控配合物单离子各向异性和动态磁行为的效应。

3.2　目标分子的合成

单核镝配合物 **9**～**13** 的合成路线，如图 3.1 所示。

（1）配合物 Dy(tmhd)$_3$(5,5'-Br$_2$-bpy)（**9**）的合成

将 20mL 的 tmhd（0.041mL，0.2mmol）和 Et$_3$N（三乙胺，0.014mL，0.1mmol）的甲醇溶液在室温下搅拌 1h。后向混合溶液中加入 DyCl$_3$·6H$_2$O（0.075g，0.2mmol）和 5,5'-Br$_2$-bpy（0.0628g，0.2mmol），继续搅拌 3h，过滤，滤液在半封闭状态下缓慢挥发。一周后得到黄色晶体，收集并筛选出合适样品用于结构表征。产率为 40%（基于 Dy^{3+}）。元素分析（%，质量分数）：C$_{43}$H$_{63}$Br$_2$DyN$_2$O$_6$ 分子量为 1026.27，计算值 C 为 50.33，N 为 2.73，H 为 6.19；实验值 C 为 50.32，N 为 2.71，H 为 6.16。主要的红外光谱数据 IR（KBr，cm^{-1}）为：3421（w），2966（s），1589（s），1507（s），1421（s），1282（w），1226（m），1143（m），870（m），827（m），757（w），474（m）。

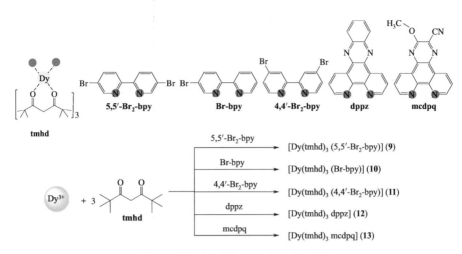

图3.1　单核镝配合物 **9～13** 的合成示意图

（2）配合物 Dy(tmhd)$_3$(X)［X = Br-bpy（**10**），4,4'-Br$_2$-bpy（**11**），dppz（**12**），mcdpq（**13**）］的合成

除将配合物 **9** 中 5,5'-Br$_2$-bpy 换成相应的帽式配体 X（X=Br-bpy，0.0470g；4,4'-Br$_2$-bpy，0.0628g；dppz，0.0565g；mcdpq，0.0574g）外，配合物 **10～13** 的其他合成步骤均与配合物 **9** 一致。**10** 的相关数据为：产率为 69.5%（基于 Dy^{3+}）。元素分析（%，质量分数）：C$_{43}$H$_{64}$BrDyN$_2$O$_6$ 分子量为 947.37，计算值 C 为 54.52，N 为 2.88，H 为 6.81；实验值 C 为 54.49，N 为 2.86，H 为 6.78。主要的红外光谱数据 IR（KBr，cm^{-1}）为：3445（w），2965（s），1575（s），1425（s），1227（m），1147（m），937（w），827（m），693（w），606（w），478（w）。**11** 的相关数据为：产率为 51.2%（基于 Dy^{3+}）。元素分析（%，质量分数）：C$_{43}$H$_{63}$Br$_2$DyN$_2$O$_6$ 分子量为 1026.27，计算值 C 为 50.33，N 为 2.73，H 为 6.19；实验值 C 为 50.29，N 为 2.72，H 为 6.17。主要的红外光谱数据 IR（KBr，cm^{-1}）为：3428（w），2972（s），1584（s），1501（s），1419（s），1346（w），1222（m），1138（m），870（m），694（m），590（w），475（m）。**12** 的相关数据为：产率为 66.5%（基于 Dy^{3+}）。元素分析（%，质量分数）：C$_{51}$H$_{67}$DyN$_4$O$_6$ 分子量为 994.59，计算值 C 为 61.59，N 为 5.63，H 为 6.79；实验值 C 为 61.67，N 为 5.69，H 为 6.82。主要的红外光谱数据 IR(KBr，cm^{-1})为：3340（w），2250（m），1589（s），1509（s），1423（s），1355（s），1346（s），1227（w），1141（m），1073（w），594（w）。**13** 的相关数据为：产率为 65%（基于 Dy^{3+}）。元素分析（%，质量分数）：C$_{49}$H$_{66}$DyN$_5$O$_7$ 分子量为 999.56，计算值 C 为 58.88，N 为 7.01，H 为 6.66；

实验值 C 为 58.85，N 为 7.68，H 为 6.64。主要的红外光谱数据 IR（KBr，cm^{-1}）为：3184（w），2962（s），1577（s），1518（s），1423（s），1355（s），1235（m），1141（m），1005（w），739（m），603（w）。

3.3 结构表征及分析

3.3.1 晶体数据

在室温下，选取大小合适的配合物样品使用德国 Bruker 公司生产的 Smart Apex-CCD 型衍射仪进行单晶结构的测试，其中，入射光源为石墨单色器单色化处理的 Mo-K$_\alpha$ 射线（波数为 0.71073Å），并以 ω-φ 扫描方式收集衍射数据。收集到的数据使用 SAINT+ 程序进行还原，通过 SADABS 软件多次扫描对数据进行吸收校正[1]。通过直接法解出的结构再用 SHELXL-2014 程序进行解析[2]，且利用基于 F^2 的全矩阵最小二乘法进行精修至收敛。非氢原子全部用各向异性热参数进行精修。表 3.1 为晶体学数据和精修参数，表 3.2 为配合物主要的部分键长、键角。

表3.1 配合物 9～13 的晶体学数据及精修参数

晶体学数据和精修参数	9	10	11	12	13
实验分子式	$C_{43}H_{63}Br_2DyN_2O_6$	$C_{43}H_{64}BrDyN_2O_6$	$C_{43}H_{63}Br_2DyN_2O_6$	$C_{51}H_{67}DyN_4O_6$	$C_{49}H_{66}DyN_5O_7$
分子量	1026.27	947.37	1026.27	994.59	999.56
晶系	三斜晶系	三斜晶系	三斜晶系	三斜晶系	四方晶系
空间群	P-1	P-1	P-1	P-1	$P4_2/n$
a/Å	13.9991(3)	11.764(3)	11.5031(14)	10.8949(9)	29.7979(4)
b/Å	17.9707(5)	12.255(3)	12.3797(15)	12.3427(10)	29.7979(4)
c/Å	18.3409(4)	18.404(5)	19.895(2)	20.7719(16)	12.3009(2)
α/(°)	87.733(2)	78.253(3)	74.829(2)	96.1100(10)	90
β/(°)	84.759(2)	83.090(3)	78.192(2)	103.0750(10)	90
γ/(°)	87.781(2)	66.002(3)	66.544(2)	109.3060(10)	90
V/Å^3	4588.34(19)	2371.2(10)	2492.2(5)	2517.4(4)	10922.2
Z	4	2	2	2	8
μ/mm^{-1}	3.415	2.460	3.143	1.533	1.417
独立衍射点	16169	8302	8763	8835	9628
观测到的衍射点	35944	16366	17548	17689	32594

晶体学数据和精修参数	9	10	11	12	13
R_{int}	0.0417	0.0415	0.0386	0.0334	0.0424
$R_1, wR_2 [I > 2\sigma(I)]$	0.0355, 0.0688	0.0525, 0.1077	0.0504, 0.0955	0.0330, 0.0636	0.0617, 0.1282
R_1, wR_2（所有数据）	0.0477, 0.0726	0.0882, 0.1209	0.0924, 0.1081	0.0428, 0.0668	0.0805, 0.1353

表3.2　配合物9～13主要的键长、键角表

化学键	键长/Å	化学键	键角/(°)	化学键	键角/(°)
9					
Dy(2)—O(11)	2.309(3)	O(11)—Dy(2)—O(8)	146.90(9)	O(7)—Dy(2)—N(4)	111.15(9)
Dy(2)—O(8)	2.367(3)	O(11)—Dy(2)—O(12)	72.04(9)	O(7)—Dy(2)—N(3)	71.69(9)
Dy(2)—O(9)	2.281(2)	O(11)—Dy(2)—N(4)	133.44(9)	O(10)—Dy(2)—O(11)	79.28(9)
Dy(2)—O(7)	2.303(3)	O(11)—Dy(2)—N(3)	80.67(9)	O(10)—Dy(2)—O(8)	81.86(9)
Dy(2)—O(10)	2.285(2)	O(8)—Dy(2)—N(4)	73.61(9)	O(10)—Dy(2)—O(7)	83.43(9)
Dy(2)—O(12)	2.329(3)	O(8)—Dy(2)—N(3)	104.33(9)	O(10)—Dy(2)—O(12)	119.70(10)
Dy(2)—N(4)	2.586(3)	O(9)—Dy(2)—O(11)	118.68(9)	O(10)—Dy(2)—N(4)	145.05(9)
Dy(2)—N(3)	2.573(3)	O(9)—Dy(2)—O(8)	80.82(9)	O(10)—Dy(2)—N(3)	150.52(9)
Dy(1)—O(1)	2.294(3)	O(9)—Dy(2)—O(7)	146.32(9)	O(12)—Dy(2)—O(8)	141.02(9)
Dy(1)—O(6)	2.290(2)	O(9)—Dy(2)—O(10)	73.29(9)	O(12)—Dy(2)—N(4)	71.32(10)
Dy(1)—O(4)	2.299(3)	O(9)—Dy(2)—O(12)	76.03(9)	O(12)—Dy(2)—N(3)	73.39(9)
Dy(1)—O(3)	2.339(2)	O(9)—Dy(2)—N(4)	78.45(9)	N(3)—Dy(2)—N(4)	62.04(9)
Dy(1)—O(2)	2.289(3)	O(9)—Dy(2)—N(3)	135.85(9)	O(1)—Dy(1)—O(4)	144.10(10)
Dy(1)—O(5)	2.305(3)	O(7)—Dy(2)—O(11)	79.09(10)	O(1)—Dy(1)—O(3)	79.37(9)
Dy(1)—N(2)	2.579(3)	O(7)—Dy(2)—O(8)	71.90(9)	O(1)—Dy(1)—O(5)	77.52(10)
Dy(1)—N(1)	2.583(3)	O(7)—Dy(2)—O(12)	137.52(8)	O(1)—Dy(1)—N(2)	82.65(10)
10					
Dy(1)—O(1)	2.326(4)	O(1)—Dy(1)—O(5)	78.74(17)	O(3)—Dy(1)—O(6)	78.85(16)
Dy(1)—O(2)	2.281(4)	O(1)—Dy(1)—O(6)	140.69(15)	O(3)—Dy(1)—N(1)	79.11(16)
Dy(1)—O(3)	2.305(4)	O(1)—Dy(1)—N(1)	140.15(16)	O(3)—Dy(1)—N(2)	129.34(16)
Dy(1)—O(4)	2.312(4)	O(1)—Dy(1)—N(2)	81.19(16)	O(4)—Dy(1)—O(1)	77.61(15)
Dy(1)—O(5)	2.339(5)	O(2)—Dy(1)—O(1)	73.46(15)	O(4)—Dy(1)—O(5)	137.62(17)
Dy(1)—O(6)	2.341(4)	O(2)—Dy(1)—O(3)	79.30(15)	O(4)—Dy(1)—O(6)	141.22(16)
Dy(1)—N(1)	2.604(5)	O(2)—Dy(1)—O(4)	119.73(15)	O(4)—Dy(1)—N(1)	77.10(16)
Dy(1)—N(2)	2.626(5)	O(2)—Dy(1)—O(5)	85.80(17)	O(4)—Dy(1)—N(2)	69.28(16)
Br(1)—C(2)	1.902(7)	O(2)—Dy(1)—O(6)	78.37(15)	O(5)—Dy(1)—O(6)	72.30(17)
N(1)—C(1)	1.341(8)	O(2)—Dy(1)—N(1)	146.36(17)	O(5)—Dy(1)—N(1)	100.45(17)

化学键	键长/Å	化学键	键角/(°)	化学键	键角/(°)
			10		
N(1)—C(5)	1.340(8)	O(2)—Dy(1)—N(2)	149.53(17)	O(5)—Dy(1)—N(2)	72.71(18)
N(2)—C(6)	1.336(8)	O(3)—Dy(1)—O(1)	120.98(15)	O(6)—Dy(1)—N(1)	72.36(16)
N(2)—C(10)	1.321(9)	O(3)—Dy(1)—O(4)	72.31(15)	O(6)—Dy(1)—N(2)	113.69(17)
O(1)—C(17)	1.270(7)	O(3)—Dy(1)—O(5)	149.66(17)	N(1)—Dy(1)—N(2)	61.21(17)
			11		
Dy(1)—O(1)	2.311(4)	O(1)—Dy(1)—O(3)	77.32(15)	O(3)—Dy(1)—N(2)	81.44(15)
Dy(1)—O(2)	2.296(4)	O(1)—Dy(1)—O(5)	140.36(15)	O(4)—Dy(1)—O(1)	120.75(15)
Dy(1)—O(3)	2.318(4)	O(1)—Dy(1)—N(1)	74.73(15)	O(4)—Dy(1)—O(2)	78.87(15)
Dy(1)—O(4)	2.272(4)	O(1)—Dy(1)—N(2)	70.17(17)	O(4)—Dy(1)—O(3)	73.69(14)
Dy(1)—O(5)	2.325(4)	O(2)—Dy(1)—O(1)	72.47(15)	O(4)—Dy(1)—O(5)	79.64(14)
Dy(1)—O(6)	2.305(5)	O(2)—Dy(1)—O(3)	119.58(15)	O(4)—Dy(1)—O(6)	84.94(16)
Dy(1)—N(1)	2.606(4)	O(2)—Dy(1)—O(5)	79.92(15)	O(4)—Dy(1)—N(1)	147.00(15)
Dy(1)—N(2)	2.610(5)	O(2)—Dy(1)—O(6)	150.48(17)	O(4)—Dy(1)—N(2)	148.70(16)
Br(1)—C(3)	1.877(6)	O(2)—Dy(1)—N(1)	79.12(14)	O(5)—Dy(1)—N(1)	72.52(15)
Br(2)—C(8)	1.866(18)	O(2)—Dy(1)—N(2)	130.97(16)	O(5)—Dy(1)—N(2)	111.21(16)
Br(2A)—C(8A)	1.893(17)	O(3)—Dy(1)—O(5)	142.10(15)	O(6)—Dy(1)—O(1)	136.86(17)
N(1)—C(1)	1.326(7)	N(1)—Dy(1)—N(2)	61.30(15)	O(6)—Dy(1)—O(3)	78.26(17)
N(2)—C(6)	1.328(7)	O(3)—Dy(1)—N(1)	139.10(14)	O(6)—Dy(1)—O(5)	72.95(16)
			12		
Dy(1)—O(1)	2.315(2)	O(1)—Dy(1)—O(4)	77.48(8)	O(3)—Dy(1)—O(5)	84.62(8)
Dy(1)—O(2)	2.309(2)	O(1)—Dy(1)—O(5)	134.84(8)	O(3)—Dy(1)—O(6)	78.31(8)
Dy(1)—O(3)	2.265(2)	O(1)—Dy(1)—O(6)	142.43(8)	O(3)—Dy(1)—N(1)	149.25(9)
Dy(1)—O(4)	2.333(2)	O(1)—Dy(1)—N(1)	68.77(8)	O(3)—Dy(1)—N(2)	145.07(9)
Dy(1)—O(5)	2.332(2)	O(1)—Dy(1)—N(2)	75.93(8)	O(4)—Dy(1)—N(1)	82.15(8)
Dy(1)—O(6)	2.325(2)	O(2)—Dy(1)—O(1)	72.37(8)	O(4)—Dy(1)—N(2)	141.18(8)
Dy(1)—N(1)	2.598(3)	O(2)—Dy(1)—O(4)	120.57(8)	O(5)—Dy(1)—O(4)	76.84(8)
Dy(1)—N(2)	2.605(3)	O(2)—Dy(1)—O(5)	152.51(8)	O(5)—Dy(1)—N(1)	71.41(8)
O(1)—C(23)	1.259(4)	O(2)—Dy(1)—O(6)	81.60(8)	O(5)—Dy(1)—N(2)	103.24(8)
N(1)—C(1)	1.324(4)	O(2)—Dy(1)—N(1)	128.51(8)	O(6)—Dy(1)—O(4)	139.99(8)
N(1)—C(12)	1.350(4)	O(2)—Dy(1)—N(2)	76.85(8)	O(6)—Dy(1)—O(5)	72.58(8)
N(2)—C(10)	1.327(4)	O(3)—Dy(1)—O(2)	81.00(8)	O(6)—Dy(1)—N(1)	110.99(8)
N(2)—C(11)	1.357(4)	O(3)—Dy(1)—O(4)	73.66(8)	O(6)—Dy(1)—N(2)	72.04(8)

化学键	键长/Å	化学键	键角/(°)	化学键	键角/(°)
			13		
Dy(1)—O(1)	2.307(4)	N(1)—Dy(1)—N(2)	63.23(14)	O(4)—Dy(1)—O(1)	82.75(14)
Dy(1)—O(2)	2.302(4)	O(1)—Dy(1)—N(1)	72.77(15)	O(4)—Dy(1)—O(2)	146.72(14)
Dy(1)—O(3)	2.286(4)	O(1)—Dy(1)—N(2)	104.55(14)	O(4)—Dy(1)—O(3)	72.82(15)
Dy(1)—O(4)	2.346(4)	O(2)—Dy(1)—N(1)	113.88(14)	O(5)—Dy(1)—N(1)	134.35(14)
Dy(1)—O(5)	2.306(4)	O(2)—Dy(1)—N(2)	73.76(14)	O(5)—Dy(1)—N(2)	78.91(14)
Dy(1)—O(6)	2.337(4)	O(2)—Dy(1)—O(1)	72.55(14)	O(5)—Dy(1)—O(1)	145.29(14)
Dy(1)—N(1)	2.566(5)	O(3)—Dy(1)—N(1)	145.42(15)	O(5)—Dy(1)—O(2)	75.56(14)
Dy(1)—N(2)	2.576(5)	O(3)—Dy(1)—N(2)	150.37(15)	O(5)—Dy(1)—O(3)	77.65(15)
N(1)—C(34)	1.339(7)	O(3)—Dy(1)—O(1)	85.19(15)	O(5)—Dy(1)—O(4)	119.44(14)
N(1)—C(45)	1.354(7)	O(3)—Dy(1)—O(2)	83.01(15)	O(6)—Dy(1)—N(1)	72.93(15)
N(2)—C(43)	1.342(7)	O(4)—Dy(1)—N(1)	78.13(14)	O(6)—Dy(1)—N(2)	72.59(14)
N(2)—C(44)	1.351(7)	O(4)—Dy(1)—N(2)	150.37(15)	O(6)—Dy(1)—O(1)	142.45(14)

3.3.2 晶体结构描述

本章中五例配合物的 X 射线单晶衍射分析结果显示其结构均为单核结构，镝离子周围配位几何构型均为扭曲的四方反棱柱（D_{4d}）构型。配合物 **9**～**12** 均属于三斜晶系，P-1 空间群，配合物 **13** 属于四方晶系，$P4_2/n$ 空间群（表 3.1）。**9**～**13** 的配位环境图如图 3.2 所示，从图 3.2（a）得知配合物 **9** 的晶胞单元包含了两个晶体学独立的镝离子（Dy1 和 Dy2）和两个相同结构的 N_2O_6 配位基团，N_2O_6 中两个 N 原子来自于 5,5'-Br$_2$-bpy 配体，6 个 O 原子来自于三个 tmhd 配体。图 3.2（b）表明配合物 **10** 的最小分子单元中包含一个镝离子，三个 tmhd 二酮的 6 个 O 原子和一个 Br-bpy 的 2 个 N 原子。图 3.2（c）显示配合物 **11** 的晶胞单元中同样包含一个 Dy^{3+} 和一个 N_2O_6 配位基团。N_2O_6 的 2 个 N 原子来自同一个 4,4'-Br$_2$-bpy 配体，6 个 O 原子来自三个 tmhd 配体。配合物 **12** 不对称单元中的镝中心同样为八配位，6 个配位点分别被三个 tmhd 配体的 6 个 O 原子和一个 dppz 配体的 2 个 N 原子占据［图 3.2（d）］。配合物 **13** 配位环境图［图 3.2（e）］表明其结构中包含一个镝离子，三个 tmhd 配体的 6 个 O 原子和一个 mcdpq 配体的 2 个 N 原子配位。

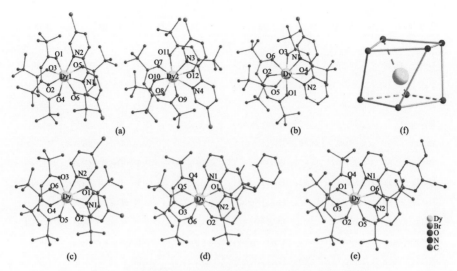

图3.2　配合物**9**（a）、**10**（b）、**11**（c）、**12**（d）、**13**（e）中
镧离子配位环境图及配位几何构型图（f）

配合物**9**～**13**的键长和键角参数见表3.2，**9**～**13**的平均Dy—O键
键长依次为2.31Å、2.32Å、2.30Å、2.31Å和2.31Å，平均Dy—N键
键长依次为2.61Å、2.62Å、2.61Å、2.60Å和2.57Å，比较发现配合物
9～**13**的Dy—O键键长几乎相等，但配合物**13**的Dy—N键键长却明
显比其他四例配合物短。另外，值得注意的是配合物**9**～**12**中全部存
在π-π堆积和氢键相互作用，配合物**13**中却并无π-π堆积相互作用。
通常不同形式的分子间相互作用往往可能会导致不同的偶极相互作用
最终对配合物的磁行为产生影响。**9**～**13**中分子间最短Dy⋯Dy距离分
别为8.363Å、9.063Å、10.403Å、9.324Å和10.039Å，说明其金属节
点能够被很好地分隔开，意味着**9**～**13**中分子间仅存在非常弱的磁相
互作用。

通过SHAPE软件[3]对配合物**9**～**13**中金属中心的配位几何构型进
行计算分析，结果见表3.3。计算结果越接近零，说明其对应的几何构型
越接近理想构型，相反，值越大说明与理想构型偏离越大。本章所描述
配合物**9**～**13**的配位构型全部为八配位配合物最理想的四方反棱柱（D_{4d}）
构型，其所对应的CShMs值分别为0.646［**9**（Dy1）］、0.509［**9**（Dy2）］、
0.768（**10**）、0.625（**11**）、0.670（**12**）和0.541（**13**）［图3.2（f）］。相
比而言，配合物**10**镧离子所对应的CShMs值最小，说明其具有更理想

的四方反棱柱构型。

表 3.3 利用 SHAPE 2.1 计算得到的配合物 9～13 镝离子几何构型结果

构型	ABOXIY					
	9 (Dy1)	9 (Dy2)	10	11	12	13
六角双锥 (D_{6h})	15.793	16.741	15.150	15.635	14.766	16.242
立方体 (O_h)	9.526	10.165	98.961	9.184	8.283	9.886
四方反棱锥 (D_{4d})	0.646	0.509	0.768	0.625	0.670	0.541
三角十二面体 (D_{2d})	2.610	2.353	1.789	2.207	2.077	2.349
异相双三角柱 J26 (D_{2d})	16.519	16.231	15.2627	16.050	15.623	15.851
双三角锥柱 J14 (D_{3h})	27.490	28.137	28.151	27.802	27.768	27.765
双侧锥三棱柱 J50 (C_{2v})	2.986	2.687	2.338	2.586	2.706	2.549
双侧锥三棱柱 (C_{2v})	2.362	2.068	1.806	2.047	2.066	1.981
变棱双五角锥 J84 (D_{2d})	5.456	5.225	4.684	5.153	5.201	4.908

注：ABOXIY 表示构型偏差值。

3.3.3　X射线粉末衍射分析

为了保证后续磁性研究的可靠性，对所制备的多晶样品进行了粉末 X 射线衍射（PXRD）研究（图 3.3）。结果表明，粉末衍射实验曲线与单晶衍射数据的理论模拟曲线基本吻合，确认样品为单一纯相。

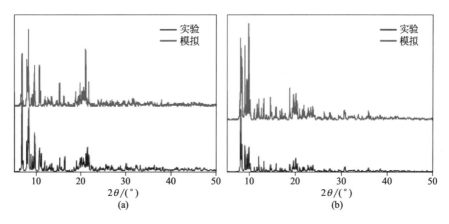

图 3.3

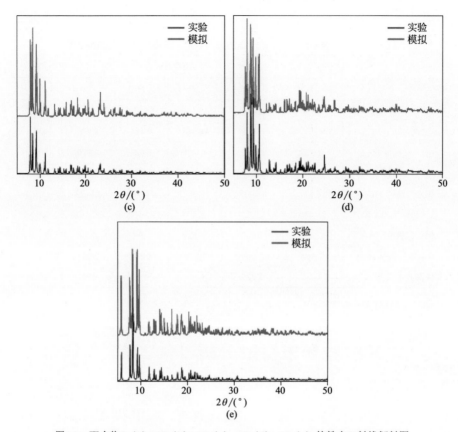

图3.3 配合物**9**（a）、**10**（b）、**11**（c）、**12**（d）、**13**（e）的粉末X射线衍射图

3.4 磁性表征与分析

如图 3.4 所示，由配合物 **9**～**13** 的 $\chi_{M}T$ - T 曲线得出室温时其所对应 的 $\chi_{M}T$ 值 分 别 是：13.94(cm³·K)/mol、13.98(cm³·K)/mol、14.01(cm³·K)/mol、14.05(cm³·K)/mol 和 13.87(cm³·K)/mol，全部与单个镝离子（$^{6}H_{15/2}$, $g = 4/3$）14.17(cm³·K)/mol 的 $\chi_{M}T$ 值基本吻合。从 300K 到 100 K，随温度的下降所有配合物的 $\chi_{M}T$ 值均保持平稳下降的趋势。由图 3.4 可知，当温度低于 100 K 时，**9**～**13** 的 $\chi_{M}T$ 值均快速减小，并在 1.8 K 时达到最小值 11.17(cm³·K)/mol、11.19(cm³·K)/mol、11.02(cm³·K)/mol、11.15(cm³·K)/mol

和 11.50(cm³·K)/mol。产生这种趋势的原因是 Stark 能级解居或者是分子内金属离子间的相互作用 [4-7]。0～50kOe 范围内，**9**～**13** 不同温度下的变场磁化强度变化如图 3.5 所示。所测温度下所有配合物的 M 相对于 H 曲线均先快速增长后趋于平缓，最终在 50kOe 时分别达到 4.57Nβ、5.22Nβ、4.23Nβ、4.65Nβ、4.76Nβ。**9**～**13** 不同温度下的 M 相对于 H/T 曲线未发生重叠，意味着存在强的磁各向异性或低占据激发态 [8]（图 3.4 插图）。

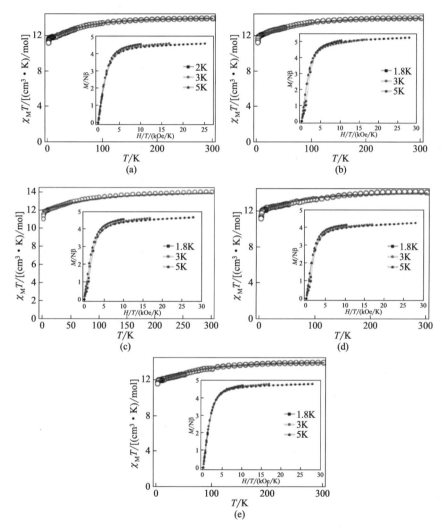

图3.4　配合物 **9**（a）、**10**（b）、**11**（c）、**12**（d）、**13**（e）变温磁化率曲线图
插图：不同温度下 **9**～**13** 的磁化强度图

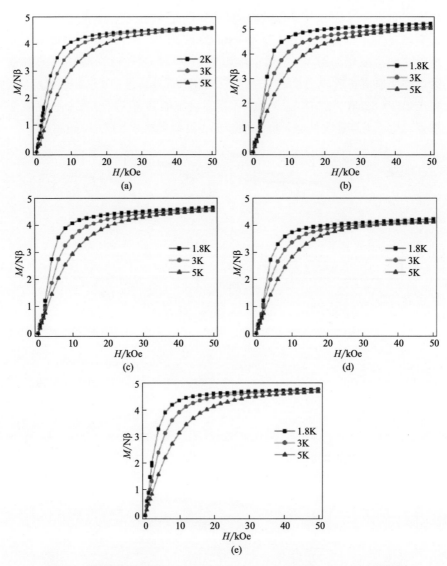

图3.5　不同温度下配合物 **9**（a）、**10**（b）、**11**（c）、**12**（d）、**13**（e）*M-H* 曲线

　　为进一步探究目标配合物的磁动力学行为，零场下，对其进行交流磁化率的测试。图 3.6 和图 3.7 分别展示了不同频率下配合物 **9**～**13** 温度依赖的实部（χ'）和虚部（χ''）交流磁化率曲线，由图可知 **9**～**13** 的 χ' 和 χ'' 均显示出明显的温度依赖现象，为典型的单分子磁体慢磁弛豫行为。当频率为 1000 Hz 时，配合物 **9**～**12** 的 χ' 和 χ'' 交流磁化率均有明显的温度依赖峰出现。然而，配合物 **13** 在所测温度范围内 χ'' 交流磁化率并无峰值

出现。随着温度的逐渐降低，**9~13** 的 χ' 和 χ'' 交流磁化率曲线整体上扬，说明磁化量子隧穿（QTM）的存在，该现象也常见于其他镧系单分子磁体 [9-12]。更值得被关注的是 **9~12** 在较高频率时都可观察到明显的虚部峰值，预示着其可能具有比较可观的能垒。图 3.8 和图 3.9 分别展示了不同温度下配合物 **9~13** 频率依赖的实部（χ'）和虚部（χ''）交流磁化率曲线，均显示出明显的频率依赖。随温度升高，配合物 **9~12** 的 χ'' 曲线整体缓

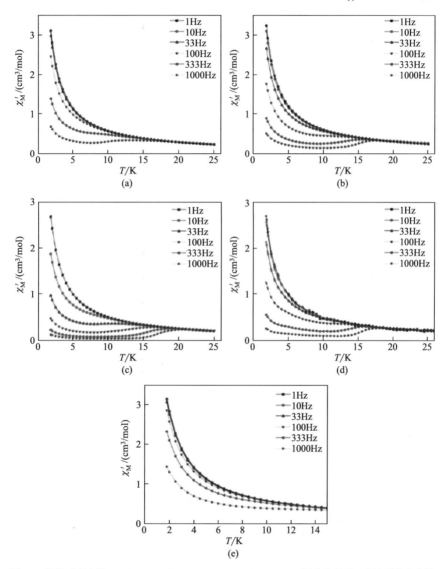

图3.6 零场下配合物 **9**（a）、**10**（b）、**11**（c）、**12**（d）、**13**（e）温度依赖的 χ' 交流磁化率曲线

慢向低频区移动。稍后，其χ″峰值整体都表现出弱的频率依赖，再次说明零场下所测配合物的磁行为受到量子隧穿效应的影响。相比之下，配合物**13**的χ″曲线仅在高频区表现出弱的频率依赖行为（图3.9），但依旧说明配合物**13**同样具备单离子磁体行为。其在低温区域内极弱的频率依赖预示着一个温度依赖的与热活化能有关的Orbach弛豫过程向温度依赖的QTM弛豫过程的转变交叉。

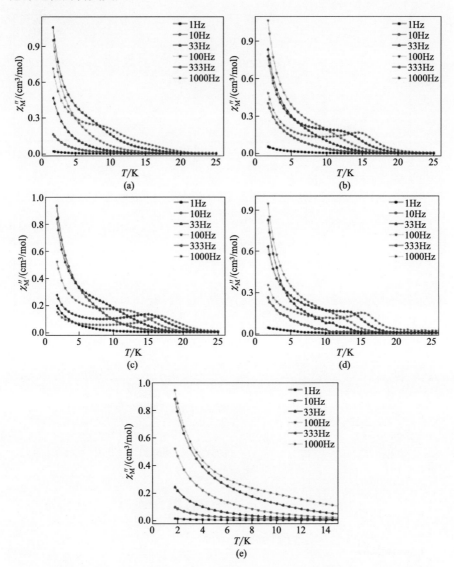

图3.7　零场下配合物**9**（a）、**10**（b）、**11**（c）、**12**（d）、**13**（e）温度依赖的χ″交流磁化率曲线

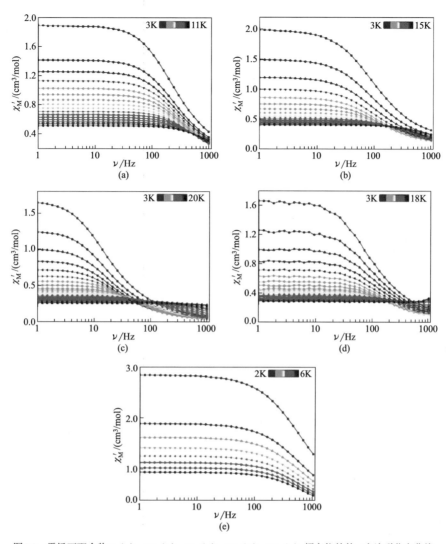

图3.8 零场下配合物**9**（a）、**10**（b）、**11**（c）、**12**（d）、**13**（e）频率依赖的χ'交流磁化率曲线

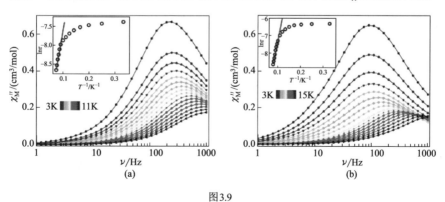

图3.9

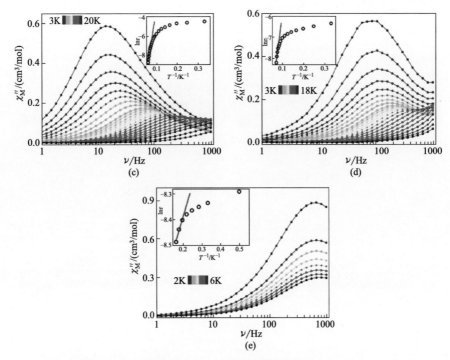

图3.9　零场下配合物 **9**（a）、**10**（b）、**11**（c）、**12**（d）、**13**（e）

频率依赖的 χ'' 交流磁化率曲线

插图：配合物 **9**～**13** 的 $\ln \tau$ 相对于 T^{-1} 曲线，红色实线代表阿伦乌斯拟合曲线

　　通过 χ'' 对 χ' 作图得到 **9**～**13** 的 Cole-Cole 曲线，如图 3.10 所示，所有曲线均呈现出准半圆形图案。通过 Debye 模型拟合得到的 **9**～**13** 的 α 值所在范围在表 3.4～表 3.8 中列出，配合物 **9** 为 0.08～0.14，配合物 **10** 为 0.12～0.21，配合物 **11** 为 0.08～0.27，配合物 **12** 为 0.01～0.19，配合物 **13** 为 0.17～0.21，全部对应于相对较窄的弛豫时间的分布。用阿伦乌斯公式对配合物 **9**～**13** 高温区频率依赖的 χ'' 交流磁化率数据进行拟合（图 3.9 插图），得到其有效能垒和指前因子分别为：U_{eff}=42.10K，$\tau_0 = 8.29 \times 10^{-6}$s（**9**）；$U_{\mathrm{eff}}$=61.47K，$\tau_0$=2.66×$10^{-6}$s（**10**）；$U_{\mathrm{eff}}$=132.04K，$\tau_0$=7.48×$10^{-8}$s（**11**）；$U_{\mathrm{eff}}$=77.53K，$\tau_0$=1.14×$10^{-6}$s（**12**）及 U_{eff}=2.51K，τ_0=1.12×10^{-5}s（**13**），与已报道的镝分子磁体结果相符[7]。低温区的弛豫行为对应 QTM 过程，中温区则对应拉曼过程。

　　本章五例配合物在零场下全部表现出了单离子慢磁弛豫行为，在之前已报道的同样含强吸电子基 β-二酮配体制得的镝基单分子磁体 $[\mathrm{Dy(hafc)}_3(\mathrm{H_2O})_2]$

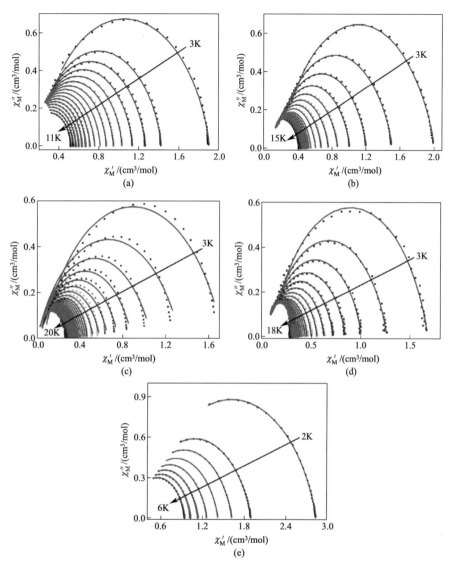

图3.10 零场下配合物 **9**（a）、**10**（b）、**11**（c）、**12**（d）、**13**（e）Cole-Cole 曲线图

实线为拟合曲线

中并未观察到[13]。对于八配位的D_{4d}对称性Dy^{3+}-β-二酮SIMs而言，带负电荷β-二酮配体和帽式N给体辅助配体相当于双重保障[14]。赤道面上下相对较短的Dy—O键键长减弱了有机配体和金属中心间的排斥力，加强了镝离子周围的配位场[15,16]，进而促使单分子磁体表现出强的单轴各向异性并获得大的能垒。

表3.4 零场下配合物9的Cole-Cole拟合参数表

T/K	χ_T	χ_S	α
3	1.911	0.212	0.144
4	1.435	0.173	0.139
4.5	1.275	0.161	0.134
5	1.147	0.152	0.126
5.5	1.042	0.142	0.119
6	0.955	0.135	0.109
6.5	0.881	0.127	0.100
7	0.818	0.118	0.093
7.5	0.764	0.109	0.088
8	0.716	0.102	0.086
8.5	0.674	0.096	0.085
9	0.637	0.093	0.086
9.5	0.604	0.092	0.088
10	0.574	0.097	0.088
10.5	0.547	0.105	0.088
11	0.522	0.117	0.084

表3.5 零场下配合物10的Cole-Cole拟合参数表

T/K	χ_T	χ_S	α
3	2.006	0.201	0.207
4	1.509	0.157	0.205
5	1.211	0.131	0.201
6	1.011	0.114	0.194
7	0.867	0.102	0.183
8	0.760	0.093	0.173
9	0.676	0.085	0.162
10	0.609	0.081	0.149
11	0.554	0.078	0.135
11.5	0.529	0.077	0.127
12	0.508	0.074	0.122
12.5	0.487	0.071	0.117
13	0.469	0.067	0.115
13.5	0.452	0.061	0.115
14	0.436	0.054	0.118
14.5	0.421	0.045	0.124
15	0.408	0.032	0.135

表3.6　零场下配合物11的Cole-Cole拟合参数表

T/K	χ_T	χ_S	α
3	1.083	0.057	0.271
4	1.331	0.044	0.268
5	1.065	0.036	0.263
6	0.886	0.032	0.256
7	0.757	0.030	0.246
8	0.660	0.030	0.236
9	0.584	0.030	0.224
10	0.524	0.030	0.213
11	0.469	0.029	0.146
11.5	0.448	0.029	0.142
12	0.430	0.028	0.139
12.5	0.412	0.027	0.135
13	0.396	0.027	0.132
13.5	0.382	0.026	0.132
14	0.368	0.025	0.132
14.5	0.355	0.023	0.134
15	0.343	0.021	0.138
15.5	0.333	0.021	0.147
16	0.323	0.020	0.159
16.5	0.313	0.019	0.169
17	0.304	0.017	0.177
17.5	0.296	0.016	0.185
18	0.288	0.011	0.186
19	0.272	0.008	0.157
20	0.258	0.006	0.087

表3.7　零场下配合物12的Cole-Cole拟合参数表

T/K	χ_T	χ_S	α
3	1.676	0.108	0.188
4	1.261	0.086	0.192
5	1.006	0.075	0.187
6	0.840	0.066	0.184
7	0.722	0.058	0.182
8	0.632	0.052	0.174
9	0.561	0.048	0.161
10	0.504	0.044	0.148

T/K	χ_T	χ_S	α
11	0.460	0.038	0.135
11.5	0.439	0.036	0.126
12	0.422	0.030	0.123
12.5	0.404	0.025	0.119
13	0.389	0.017	0.117
13.5	0.373	0.016	0.113
14	0.360	0.014	0.104
14.5	0.347	0.013	0.081
15	0.335	0.011	0.055
15.5	0.324	0.010	0.022
16	0.314	0.009	0.020
16.5	0.306	0.007	0.016
17	0.297	0.006	0.014
17.5	0.282	0.005	0.012
18	0.282	0.005	0.011

表 3.8   零场下配合物 13 的 Cole-Cole 拟合参数表

T/K	χ_T	χ_S	α
2	2.844	0.372	0.211
3	1.896	0.266	0.203
3.5	1.624	0.235	0.199
4	1.419	0.214	0.193
4.5	1.261	0.193	0.189
5	1.134	0.179	0.183
5.5	1.031	0.166	0.177
6	0.945	0.154	0.173

为获得能够有效抑制 QTM 的最佳外加直流场，在 2.0K、1000Hz 条件下施以不同的外加直流场对配合物 9~13 的 χ'' 交流磁化率进行测试。结果显示不同配合物 χ'' 出现峰值的磁场强度也不相同，其中，配合物 9~10 为 1500Oe，配合物 11 为 1000Oe，而配合物 12~13 则为 1200Oe。最佳外加直流场下，配合物 9~13 的交流磁化率曲线都表现出了显著的温度和频率依赖。图 3.11 和图 3.12 为 9~13 加场下测得的 χ' 和 χ'' 变温磁化率曲线，不同频率下均表现出明显的温度依赖峰，表明五例配合物全部发生了场诱导的慢磁弛豫过程，并且量子隧穿过程在合适的外加场下也得

到了有效抑制。另外，配合物 **9** 的 χ' 和 χ'' 变温磁化率曲线还可以清晰地观察到有两个明显的峰值，说明其包含两种热活化弛豫过程，这归因于配合物 **9** 的结构中包含两个晶体学等价的、配位几何对称性完全相同的镝离子[11,17]。该现象在已报道的其他类似镝中心的 β- 二酮 -Dy SIMs[18] 或 Dy$_2$ SMMs[19] 中也很常见。

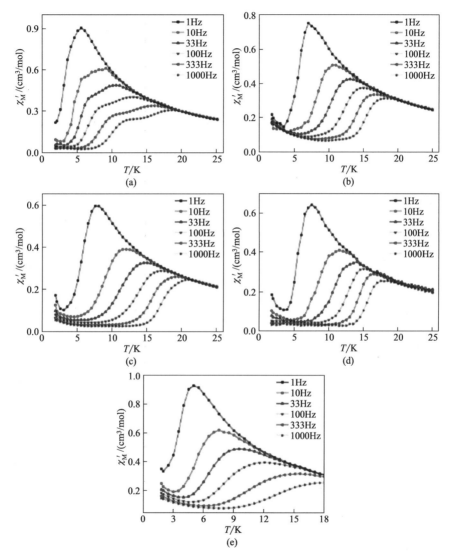

图3.11　加场下配合物 **9**（a）、**10**（b）、**11**（c）、**12**（d）、**13**（e）
温度依赖的 χ' 交流磁化率曲线

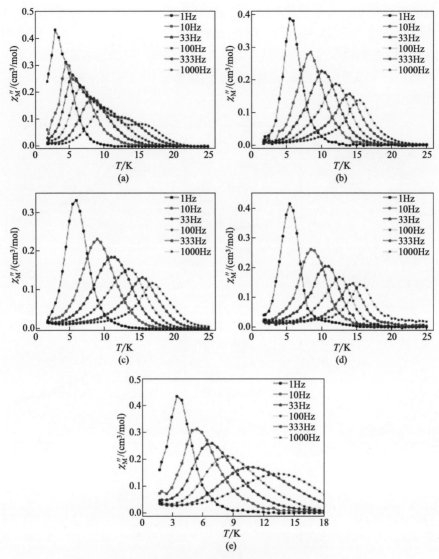

图3.12 加场下配合物 **9**（a）、**10**（b）、**11**（c）、**12**（d）、**13**（e）
温度依赖的χ″交流磁化率曲线

图3.13 和图3.14 为配合物 **9**～**13** 的变场磁化率曲线的χ′和χ″，由图可知所有配合物也都表现出明显的频率依赖。其中，**9** 的双弛豫过程再次被证实。随温度升高，**9**～**13** 的χ″交流磁化率的最大值平稳地从低频区向高频区移动。所有配合物的阿伦尼乌斯拟合曲线见图3.14 插图，通过 ln τ 对 1/T 作图可得到 **10**～**13** 的 U_{eff} 和 $τ_0$ 分别为：158.58K 和 $6.14×10^{-9}$s（**10**），176.68K 和 $6.16×10^{-9}$s（**11**），170.9K 和 $2.91×10^{-9}$s（**12**） 及 42.53K 和

1.38×10^{-5} s（**13**）。配合物 **9** 因包含两步弛豫过程，故拟合得到两个 U_{eff} 和 τ_0 值：$U_{eff}=87.83$K，$\tau_0=6.58 \times 10^{-7}$ s；$U_{eff}=47.97$K，$\tau_0=1.86 \times 10^{-6}$ s。对比发现 **13** 的能垒明显低于其他四个配合物，总体上，**9**～**13** 在相应外加场下的能垒全部高于零场下的能垒，进一步证明 QTM 得到有效抑制。**9**～**13** 的 lnτ 相对于 $1/T$ 曲线都呈现出一定的弯曲现象，故还应该考虑到整个弛豫过程中不可忽视的拉曼过程，拟合曲线见图 3.14 插图。运用以下多重弛豫过程式（3.1）对 ln τ 相对于 $1/T$ 过程进行拟合[20]。

$$\tau^{-1} = BT^n + \tau_0^{-1} \exp(-\Delta E / T) \tag{3.1}$$

式中，第一项和第二项分别对应于拉曼和奥巴赫过程。拟合得到的相应各项参数为：**10** 中 $B=1.97 \times 10^{-4}$，$n=5.86$，$\tau_0=1.21 \times 10^{-12}$ s，$U_{eff}=224.13$K；**11** 中 $B=3.46 \times 10^{-4}$，$n=5.40$，$\tau_0=2.99 \times 10^{-11}$ s，$U_{eff}=271.92$K；**12** 中 $B=4.28 \times 10^{-4}$，$n=5.43$，$\tau_0=2.22 \times 10^{-11}$ s，$U_{eff}=247.76$K；**13** 中 $B=0.02$，$n=4.55$，$\tau_0=1.45 \times 10^{-5}$ s，$U_{eff}=49.70$K。**9** 中两步弛豫过程各自拟合得到的参数为：$B=7.67 \times 10^{-3}$，$n=4.79$，$\tau_0=1.22 \times 10^{-10}$ s，$U_{eff}=206.03$K；$B=0.02$，$n=5.06$，$\tau_0=1.45 \times 10^{-7}$ s，$U_{eff}=79.00$K。所有配合物的整体磁动力学行为都表现出了多重弛豫机理，高温区对应奥巴赫过程，低温区对应拉曼过程。

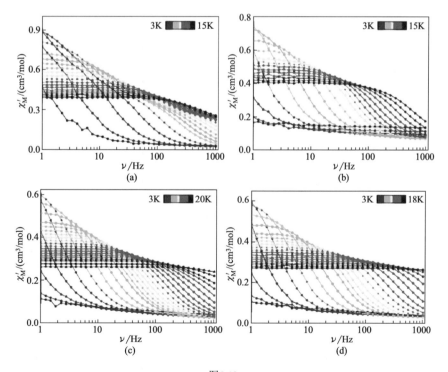

图3.13

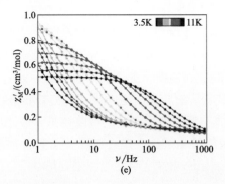

图3.13　加场下配合物9（a）、10（b）、11（c）、12（d）、13（e）
频率依赖的χ'交流磁化率曲线

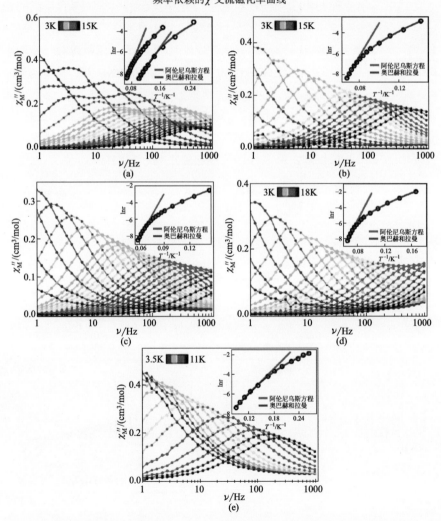

图3.14　加场下配合物9（a）、10（b）、11（c）、12（d）、13（e）频率依赖的χ''交流磁化率曲线
插图：配合物9～13的$\ln\tau$-T^{-1}曲线

二酮镝单分子磁体的制备及性能调控

9 的双半圆形 Cole-Cole 曲线需通过修正的 Debye 公式进行拟合，得到 α_1 和 α_2 值的范围分别为 0.07～0.25 和 0.008～0.22，说明两个弛豫过程相对应的弛豫时间的分布都相对较宽（表 3.9）。除配合物 **9** 外，配合物 **10**～**13** 的 Cole-Cole 曲线都为半圆形 ［图 3.15（b）～（e）］，拟合得到 α 值的分布区间分别为 0.11～0.29、0.10～0.28、0.02～0.08 和 0.19～0.37（表 3.10～表 3.13）。意味着在当前动力学过程中配合物 **12** 对应于一个单一的弛豫行为而配合物 **10**、**11** 和 **13** 对应于一个较宽的弛豫时间的分布。

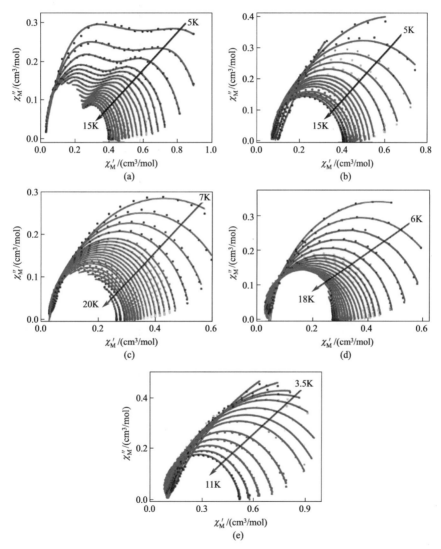

图 3.15　加场下配合物 **9**（a）、**10**（b）、**11**（c）、**12**（d）、**13**（e）的 Cole-Cole 曲线图

实线为拟合曲线

表 3.9 加场下配合物 9 的 Cole-Cole 拟合参数表

T/K	χ_T	χ_S	α_1	α_2
5	2.416	0.277	0.248	0.218
6	2.185	0.273	0.231	0.183
7	1.734	0.262	0.220	0.158
8	1.247	0.260	0.208	0.121
8.5	0.842	0.254	0.194	0.095
9	0.655	0.259	0.196	0.080
9.5	0.581	0.247	0.173	0.072
10	0.570	0.244	0.155	0.061
10.5	0.526	0.239	0.148	0.035
11	0.493	0.232	0.144	0.022
11.5	0.488	0.227	0.132	0.011
12	0.481	0.222	0.127	0.009
12.5	0.460	0.214	0.115	0.008
13	0.457	0.212	0.108	
13.5	0.425	0.203	0.078	
14	0.419	0.199	0.094	
14.5	0.406	0.190	0.101	
15	0.393	0.198	0.071	

表 3.10 加场下配合物 10 的 Cole-Cole 拟合参数表

T/K	χ_T	χ_S	α
5	2.394	0.096	0.290
6	1.227	0.085	0.220
7	0.917	0.076	0.167
8	0.775	0.070	0.141
9	0.678	0.066	0.119
10	0.608	0.066	0.102
11	0.551	0.067	0.088
11.5	0.527	0.067	0.083
12	0.506	0.065	0.090
12.5	0.485	0.064	0.089
13	0.464	0.064	0.085
13.5	0.453	0.044	0.160
14	0.437	0.038	0.167
14.5	0.415	0.058	0.114
15	0.401	0.055	0.113

表3.11　加场下配合物 11 的 Cole-Cole 拟合参数表

T/K	χ_T	χ_S	α
3	1.249	0.054	0.284
4	1.436	0.041	0.271
5	1.052	0.034	0.255
6	0.847	0.030	0.248
7	0.829	0.027	0.209
8	0.710	0.027	0.217
9	0.611	0.026	0.189
10	0.541	0.025	0.173
11	0.487	0.023	0.163
11.5	0.465	0.023	0.159
12	0.444	0.022	0.155
12.5	0.426	0.022	0.153
13	0.409	0.021	0.151
13.5	0.393	0.021	0.149
14	0.378	0.020	0.147
14.5	0.365	0.019	0.146
15	0.352	0.018	0.147
15.5	0.341	0.016	0.151
16	0.331	0.026	0.159
16.5	0.321	0.016	0.169
17	0.312	0.028	0.181
17.5	0.303	0.046	0.191
18	0.294	0.074	0.195
19	0.279	0.115	0.168
20	0.264	0.096	0.097

表3.12　加场下配合物 12 的 Cole-Cole 拟合参数表

T/K	χ_T	χ_S	α
6	0.809	0.046	0.075
7	0.702	0.040	0.076
8	0.614	0.034	0.071
9	0.544	0.032	0.064
10	0.489	0.028	0.065

T/K	χ_T	χ_S	α
11	0.445	0.024	0.072
11.5	0.425	0.022	0.076
12	0.409	0.019	0.085
12.5	0.392	0.015	0.090
13	0.377	0.011	0.098
13.5	0.363	0.010	0.107
14	0.350	0.009	0.105
14.5	0.337	0.009	0.089
15	0.325	0.008	0.070
15.5	0.315	0.008	0.052
16	0.305	0.007	0.031
16.5	0.295	0.006	0.029
17	0.287	0.006	0.024
17.5	0.280	0.005	0.022
18	0.272	0.004	0.020

表 3.13　加场下配合物 13 的 Cole-Cole 拟合参数表

T/K	χ_T	χ_S	α
3.5	2.311	0.097	0.372
3.8	1.692	0.094	0.320
4	1.451	0.092	0.284
4.2	1.369	0.089	0.270
4.5	1.257	0.086	0.251
5	1.127	0.079	0.234
5.5	1.033	0.073	0.229
6	0.952	0.067	0.226
7	0.814	0.059	0.213
8	0.716	0.050	0.212
9	0.635	0.044	0.206
10	0.574	0.034	0.211
11	0.520	0.040	0.191

磁滞回线常被认为是双稳态分子磁体的一个重要特点。本章中所有配合物的磁滞回线如图 3.16 所示，配合物 **9**～**12** 都表现出了蝴蝶状的磁滞回线，而配合物 **13** 仅出现狭窄的开口，说明 **9**～**12** 发生了明显的磁滞，而 **13** 的磁滞现象则不够明显。造成该现象的主要原因是量子隧穿比不同，**13** 较其他四个配合物 QTM 弛豫过程更快。相应地，**9**～**12** 在零场下就能观察到明显磁弛豫现象且具有较高的能垒值。上述研究表明配合物配位几何构型轻微而又关键的变化必然会对其单轴磁各向异性造成影响。

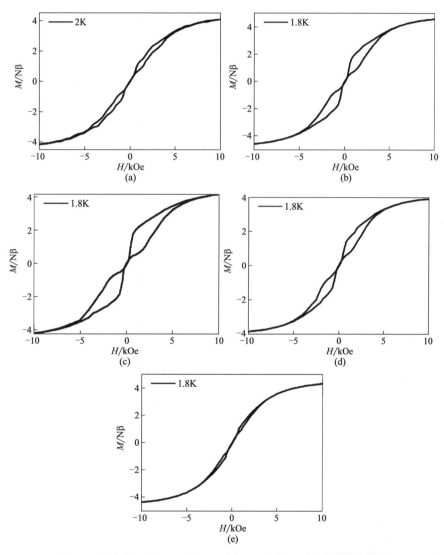

图3.16 配合物 **9**（a）、**10**（b）、**11**（c）、**12**（d）、**13**（e）的磁滞回线图

单分子磁体所表现出的磁动力学行为对配位环境的调控非常敏感，不同的几何对称性和结构参数都会产生不同的晶体场效应，进而导致配合物磁性的不同 [7]。通过帽式 N 给体辅助配体的调控，致使配合物 **13** 具有较其他四个配合物相比更理想的 D_{4d} 对称性且还存在分子间弱的 π-π 堆积相互作用 [20]。电荷分布和配位环境的改变仍可能会导致其产生大的横截面各向异性，且二者还共同导致了 **13** 在低温范围内发生较快的量子隧穿和不易察觉的慢磁弛豫。因此，**13** 在零场下的有效能垒低于 **9~12**。另外，已报道的一些单分子磁体 [21,22] 已证实了弱的偶极相互作用能够降低 QTM，减缓单分子磁体的弛豫比率。从 **9~13** 最短 Dy···Dy 距离来看，不同的偶极相互作用都足以导致它们产生不同的交换偏置，进而在无外加场下表现出不同的量子隧穿比。就此看来偶极相互作用和交换偏置同样会对单分子磁体磁动力学行为造成影响。综上所述，几何对称性、静电势、自旋 - 轨道耦合和偶极相互作用 [23,24] 等多种因素协同起来共同影响了 Dy^{3+}-SMMs 的磁性。

3.5　理论计算与分析

使用 MOLCAS 8.2[25] 软件对整个过程进行计算，具体方法是：基于配合物的 X 射线单晶衍射测试得出的镝节点配位几何构型，使用完全活性空间自洽场（CASSCF）方法完成计算。各个原子基组都是来自 MOLCAS 中 ANO-RCC 数据库中的原子自然轨道基组：磁性中心镝离子采用 ANO-RCC-VTZP 基组；相邻 N、O 原子采用 VTZ 基组；其他较远原子采用 VDZ 基组。计算用二阶 Douglas-Kroll-Hess 哈密顿函数，其中所有基组都考虑了相对论效应。相应能级也使用计算自旋 - 轨道耦合的 RASSI 程序进行计算。在 CASSCF 计算中，两个配合物磁性中心的 f 活性电子均在 7 个活性轨道上，CAS（9 in 7）。所有计算都在活性空间进行，目的是减少可能的不确定性因素。由于计算机硬件的局限性，最大限度地选用所有自旋 - 自由态（全部的 21 个六重态、224 个四重态中的 128 个及 490 个二重态中的 130 个）。

为了探究配合物 **9~13** 磁性差异的原因，进一步了解慢磁弛豫机理，基于 **9~13** 的晶体结构，按照上述理论计算方法，得出了 **9~13** 单个镝

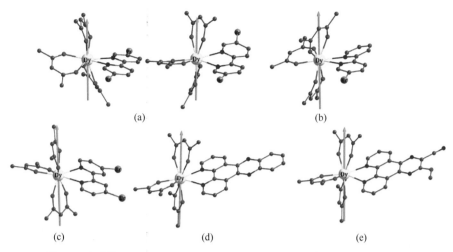

图3.17　配合物9（a）、10（b）、11（c）、12（d）、13（e）的磁各向异性轴方向

离子片段的g张量和最低自旋轨道能级，如表3.14所示。所有配合物的Kramers二重态基态（KD$_0$）计算出的有效g_z张量都接近Ising极限值20，说明9～13都存在单轴各向异性。如图3.17所示，配合物9～13中心Dy^{3+}的磁轴方向几乎指向同一方向，即平行于两个β-二酮分子的4个O原子组成的平面，垂直于帽式N-给体配体的2个N原子与位于赤道面的一个β-二酮分子的2个O原子所组成的平面。

表3.14　配合物9～13的八个最低KDs及其相对应的能量E和g张量

KDs	9 (Dy1)			9 (Dy2)			10		
	$E/\mathrm{cm^{-1}}$	g	m_J	$E/\mathrm{cm^{-1}}$	g	m_J	$E/\mathrm{cm^{-1}}$	g	m_J
1	0.0	0.005 0.018 19.264	±15/2	0.0	0.000 0.001 19.524	±15/2	0.0	0.001 0.002 19.543	±15/2
2	127.0	0.419 0.658 15.579	±13/2	164.1	0.077 0.107 16.378	±13/2	151.0	0.235 0.248 16.342	±13/2
3	191.1	2.001 3.277 11.727	±11/2	243.2	1.251 2.126 13.069	±11/2	219.8	1.107 1.426 13.779	±11/2
4	229.1	9.037 5.815 2.580	±7/2	290.4	4.125 4.693 7.697	±7/2	261.4	4.156 6.148 8.856	±3/2
5	269.3	2.313 3.628 9.343	±5/2	336.9	2.651 3.204 10.757	±5/2	294.5	0.331 4.139 9.681	±5/2

KDs	9 (Dy1)			9 (Dy2)			10		
	E/cm^{-1}	g	m_J	E/cm^{-1}	g	m_J	E/cm^{-1}	g	m_J
6	312.4	0.871 1.933 16.124	±3/2	390.4	0.403 0.887 15.456	±3/2	327.5	0.907 1.934 16.197	±7/2
7	447.2	0.018 0.058 16.811	±1/2	527.3	0.023 0.074 17.366	±1/2	446.4	0.033 0.050 18.195	±1/2
8	516.1	0.017 0.068 18.480	±9/2	582.3	0.029 0.091 18.611	±9/2	536.7	0.004 0.015 19.232	±9/2

KDs	11			12			13		
	E/cm^{-1}	g	m_J	E/cm^{-1}	g	m_J	E/cm^{-1}	g	m_J
1	0.0	0.001 0.001 19.588	±15/2	0.0	0.002 0.002 19.679	±15/2	0.0	0.001 0.008 19.404	±15/2
2	171.4	0.141 0.150 16.482	±13/2	155.3	0.196 0.273 16.659	+13/2	152.9	0.138 0.157 16.187	±13/2
3	252.0	0.627 0.891 14.250	±11/2	205.7	0.619 0.807 15.093	±11/2	242.6	2.474 5.136 11.600	±9/2
4	300.1	3.884 6.124 8.859	±7/2	253.4	3.515 4.037 10.470	±7/2	276.0	3.721 5.225 7.702	±5/2
5	340.4	1.439 3.937 9.859	±3/2	294.4	2.551 4.773 9.841	±5/2	311.4	1.294 2.253 10.924	±3/2
6	390.7	0.433 0.616 16.434	±5/2	345.7	1.015 1.595 15.729	±3/2	370.3	0.191 0.337 17.563	±7/2
7	516.1	0.041 0.074 16.644	±1/2	474.2	0.064 0.127 17.157	±1/2	457.8	0.045 0.148 17.070	±1/2
8	581.8	0.008 0.044 18.260	±9/2	549.1	0.014 0.057 18.617	±9/2	521.5	0.042 0.171 18.555	±11/2

二酮镝单分子磁体的制备及性能调控

如图 3.18 所示，配合物 **9~13** 的基态自旋轨道态的横向磁矩大约为 $10^{-3}\mu_B$ 或 $10^{-2}\mu_B$，该值说明基态 QTM 低温时被适当抑制。**9** 中的 Dy2 和 **13** 的横向磁矩相对较大，极大地促进了 QTM 效应。整体上，**9~13** 大的第一激发态的横向磁矩（约为 $10^{-1}\mu_B$）导致了较明显的 QTM。QTM 效应一般被横向各向异性量化，与每个 Kramers 二重态（KD）的 $g_{x,y}$ 张量有关，该值越小越代表 QTM 被有效抑制。所有配合物的 KD_0 的 $g_{x,y}$ 参数均低于 0.015，$g_{x,y}$ 值又常作为衡量零场 Dy^{3+}-SIMs 的一个标准[26]。因此，理论计算很好地解释了 **9~13** 零场下的单离子行为。不过，与之前已报道的能垒超过 1000K 的 Dy^{3+}-SIMs[27,28] 的 $g_{x,y}$ 张量（0.5×10^{-5} 到 0.8×10^{-3}）相比，本章五个配合物的 $g_{x,y}$ 张量要大三个数量级。因此，尽管抑制了零场下的部分 QTM 效应，使目标配合物表现出了单离子磁体行为，但是 QTM 效应仍然存在。从实验中 χ'' 曲线随温度降低而逐渐升高得以证实（图 3.7）。五个配合物剩余的 QTM 效应在通过 KD_0 时可当作是一条捷径，可能的弛豫过程在通过比 KD_1 更高的 KDs 时可被忽略，导致实验 U_{eff} 明显小于计算得到的 KD_1 能级差。同时，**13** 的 QTM 效应要明显大于 **9~12**，因为其 KD_0 计算出的 $g_{x,y}$ 值明显大于其他配合物（表 3.14）。与之对应的配合物 **13** 的实验获得的 U_{eff} 也要小于配合物 **9~12**。理论上，热活化有关的奥巴赫机理对应的弛豫能垒与基态和第一激发态间的能隙是相匹配的。尽管 **13** 的理论能隙很大，基态 QTM 仍导致其能垒不是很理想。另外，由于其他弛豫过程（例如偶极相互作用或振动耦合导致的基态量子隧穿效应）[29] 的存在，所有配合物的基态与激发态间的理论能隙都明显偏离零场下用阿伦尼乌斯定律对实验值的拟合结果。合理地施加外加直流场后，**9~12** 的理论计算能垒与多弛豫过程拟合得到的能垒能够很好地吻合。

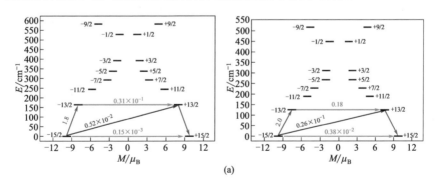

图 3.18

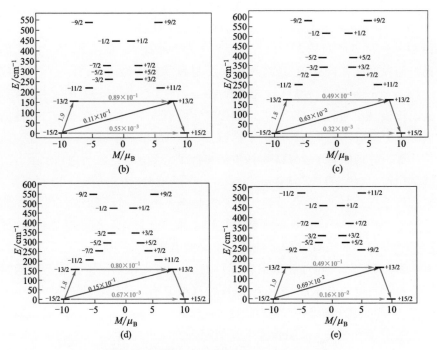

图3.18　配合物 **9**（a）、**10**（b）、**11**（c）、**12**（d）、
13（e）的磁化阻塞能垒

　　9～13 的中心镝离子及其周围配位点的电荷分布情况被计算分析，目的是探究五个配合物各向异性的不同（表3.15）。结合图3.18中 **9～13** 的磁化阻塞能垒的分析结果，证明仅仅当低洼的基态 $|\pm 15/2\rangle$ Kramers 二重态被完全占据[30]，明显的易轴各向异性才可能发生。低洼的基态更倾向于负电荷分布在赤道面上下的配位场，因为这样能有效减小 f- 电子云与配体间的排斥，进而使 $|\pm 15/2\rangle$ Kramers 二重态变得很稳定，最终产生强的磁各向异性。事实上，能够获得最佳单轴各向异性的理想配位场要求配体要具有更多的负电荷且中心 Dy^{3+} 与其周围配位原子所形成的化学键的距离越短越好。如表3.15所示，对于配合物 **13** 而言，与其他四例配合物相比，其赤道面的两个 N 原子贡献了最低的平均负电荷，说明该配位场下 $|\pm 15/2\rangle$ Kramers 二重态是不稳定的。于是，配合物 **13** 显示了较弱的磁各向异性和较不明显的单离子磁体行为。

表3.15　CASSCF计算配合物9～13基态每个原子的NBO电荷分析结果

原子	9(Dy1)	9(Dy2)	10	11	12	13
Dy	2.5413	2.5411	2.5410	2.5403	2.5416	2.5412
O1	−0.7592	−0.7703	−0.7269	−0.7319	−0.7419	−0.7636
O2	−0.7648	−0.7476	−0.7339	−0.7680	−0.7666	−0.7602
O3	−0.7628	−0.7470	−0.7678	−0.7578	−0.7385	−0.7582
O4	−0.7603	−0.7510	−0.7176	−0.7535	−0.7524	−0.7403
O5	−0.7801	−0.7706	−0.7339	−0.7470	−0.7689	−0.7697
O6	−0.7258	−0.7577	−0.7269	−0.7507	−0.7369	−0.7445
N1	−0.3120	−0.3144	−0.3188	−0.3113	−0.3136	−0.3266
N2	−0.3051	−0.3071	−0.3213	−0.3141	−0.3258	−0.3242

本章研究含强给电子基团的 β-二酮配体和不同的帽式辅助配体与稀土镝离子的组装过程。结构上，五例单核镝配合物均呈现 D_{4d} 对称性，中心离子的四方反棱柱构型扭曲程度略有不同，配合物 9～12 的单核分子间存在 π-π 堆积相互作用，配合物 13 分子间仅有氢键相互作用。辅助配体结构修饰引起配合物结构微调势必导致磁性能的明显差异。磁性研究表明，尽管零场下的量子隧穿效应不可避免，但是具有 D_{4d} 对称性的五个配合物在零场下都表现出了良好的单离子磁体行为。外加场条件下，量子隧穿过程被有效地抑制，配合物的有效能垒分别为206.03K（9）、224.13K（10）、271.90K（11）、247.76K（12）和49.70K（13）。ab initio 计算表明所有配合物都表现出了强的单轴各向异性，磁轴方向类似，辅助配体 N 原子与金属中心的配位面处于横截面方向。由于辅助配体的结构、给电子能力不同，五个配合物中心镝离子的横截面各向异性、弱的分子间相互作用和静电势分布情况都存在显著差异，最终使得整体的磁行为各不相同。研究结果表明，辅助配体的结构修饰对 β-二酮镝单核配合物的结构和磁性的调控效果显著。

参考文献

[1] Sheldrick G M. Program for empirical absorption correction of area detector data[J]. Sadabs, 1996.

[2] Sheldrick G M. SHELXS-2014 and SHELXL-2014, program for crystal structure determination[D]. University of Göttingen: Göttingen, Germany, 2014.

[3] Casanova D, Llunell M, Alemany P, et al. The rich stereochemistry of eight-vertex

polyhedra: a continuous shape measures study [J]. Chemistry-A European Journal, 2005, 11(5): 1479-1494.

[4] Zhang P, Zhang L, Wang C, et al. Equatorially coordinated lanthanide single ion magnets[J]. Journal of the American Chemical Society, 2014, 136(12): 4484-4487.

[5] Guo Y N, Ungur L, Granroth G E, et al. An NCN-pincer ligand dysprosium single-ion magnet showing magnetic relaxation via the second excited state[J]. Scientific Reports, 2014, 4: 5471.

[6] Liu X Y, Li F F, Ma X H, et al. Coligand modifications fine-tuned the structure and magnetic properties of two triple-bridged azido-Cu(II) chain compounds exhibiting ferromagnetic ordering and slow relaxation[J]. Dalton Transactions, 2017, 46(4): 1207-1217.

[7] Cen P P, Zhang S, Liu X Y, et al. Electrostatic potential determined magnetic dynamics observed in two mononuclear β-diketone dysprosium(III) single-molecule magnets[J]. Inorganic Chemistry, 2017, 56(6): 3644-3656.

[8] Abbas G, Lan Y, Kostakis G E, et al. Series of isostructural planar lanthanide complexes [Ln^{III}_4 (μ_3-OH)$_2$ (mdeaH)$_2$ (piv)$_8$] with single molecule magnet behavior for the Dy_4 analogue [J]. Inorganic Chemistry, 2010, 49(17): 8067-8072.

[9] Dong Y, Yan P, Zou X, et al. Azacyclo-auxiliary ligand-tuned SMMs of dibenzoylmethane Dy (III) complexes[J]. Inorganic Chemistry Frontiers, 2015, 2(9): 827-836.

[10] Dong Y, Yan P, Zou X, et al. Exploiting single-molecule magnets of β-diketone dysprosium complexes with C_{3v} symmetry: suppression of quantum tunneling of magnetization[J]. Journal of Materials Chemistry C, 2015, 3(17): 4407-4415.

[11] Zhang S, Ke H, Sun L, et al. Magnetization dynamics changes of dysprosium(III) single-ion magnets associated with guest molecules[J]. Inorganic Chemistry, 2016, 55(8): 3865-3871.

[12] Tong Y Z, Gao C, Wang Q L, et al. Two mononuclear single molecule magnets derived from dysprosium(III) and tmphen (tmphen= 3, 4, 7, 8-tetramethyl-1, 10-phenanthroline)[J]. Dalton Transactions, 2015, 44(19): 9020-9026.

[13] Mori F, Nyui T, Ishida T, et al. Oximate-bridged trinuclear Dy-Cu-Dy complex behaving as a single-molecule magnet and its mechanistic investigation[J]. Journal of the American Chemical Society, 2006, 128(5): 1440-1441.

[14] Liu S S, Lang K, Zhang Y Q, et al. A distinct magnetic anisotropy enhancement in mononuclear dysprosium-sulfur complexes by controlling the Dy-ligand bond length[J]. Dalton Transactions, 2016, 45(19): 8149-8153.

[15] Zhang P, Guo Y N, Tang J. Recent advances in dysprosium-based single molecule magnets: structural overview and synthetic strategies[J]. Coordination Chemistry Reviews, 2013, 257(11/12): 1728-1763.

[16] Watanabe A, Yamashita A, Nakano M, et al. Multi-path magnetic relaxation of mono-dysprosium (III) single-molecule magnet with extremely high barrier[J]. Chemistry-A European Journal, 2011, 17(27): 7428-7432.

[17] Li D P, Zhang X P, Wang T W, et al. Distinct magnetic dynamic behavior for two polymorphs of the same Dy^{3+} complex[J]. Chemical Communications, 2011, 47(24): 6867-6869.

[18] Fatila E M, Rouzières M, Jennings M C, et al. Fine-tuning the single-molecule magnet properties of a $[Dy^{3+}$-radical$]_2$ pair[J]. Journal of the American Chemical Society, 2013, 135(26): 9596-9599.

[19] Liu S S, Xu L, Jiang S D, et al. Half-sandwich complexes of Dy^{3+}: a janus-motif with facile tunability of magnetism[J]. Inorganic Chemistry, 2015, 54(11): 5162-5168.

[20] Gao F, Yao M X, Li Y Y, et al. Syntheses, structures, and magnetic properties of seven-coordinate lanthanide porphyrinate or phthalocyaninate complexes with Kläui's tripodal ligand[J]. Inorganic Chemistry, 2013, 52(11): 6407-6416.

[21] Horii Y, Katoh K, Cosquer G, et al. Weak Dy^{3+}-Dy^{3+} interactions in Dy^{3+}-phthalocyaninato multiple-decker single-molecule magnets effectively suppress magnetic relaxation[J]. Inorganic Chemistry, 2016, 55(22): 11782-11790.

[22] Wernsdorfer W, Aliaga-Alcalde N, Hendrickson D N, et al. Exchange-biased quantum tunnelling in a supramolecular dimer of single-molecule magnets[J]. Nature, 2002, 416(6879): 406.

[23] Sorace L, Benelli C, Gatteschi D. Lanthanides in molecular magnetism: old tools in a new field[J]. Chemical Society Reviews, 2011, 40(6): 3092-3104.

[24] Ungur L, Lin S Y, Tang J, et al. Single-molecule toroics in Ising-type lanthanide molecular clusters[J]. Chemical Society Reviews, 2014, 43(20): 6894-6905.

[25] Karlström G, Lindh R, Malmqvist P Å, et al. MOLCAS: a program package for computational chemistry[J]. Computational Materials Science, 2003, 28(2): 222-239.

[26] Aravena D, Ruiz E. Shedding light on the single-molecule magnet behavior of mononuclear Dy^{3+} complexes[J]. Inorganic Chemistry, 2013, 52(23): 13770-13778.

[27] Ding Y S, Chilton N F, Winpenny R E P, et al. On approaching the limit of molecular magnetic anisotropy: a near-perfect pentagonal bipyramidal dysprosium(III) single-molecule magnet[J]. Angewandte Chemie International Edition, 2016, 55(52): 16071-16074.

[28] Liu J, Chen Y C, Liu J L, et al. A stable pentagonal bipyramidal Dy^{3+} single-ion magnet with a record magnetization reversal barrier over 1000 K[J]. Journal of the American Chemical Society, 2016, 138(16): 5441-5450.

[29] Oyarzabal I, Ruiz J, Seco J M, et al. Rational electrostatic design of easy-axis magnetic anisotropy in a Zn^{II}-Dy^{III}-Zn^{II} single molecule magnet with a high energy barrier[J]. Chemistry-A European Journal, 2014, 20(44): 14262-14269.

[30] Langley S K, Wielechowski D P, Vieru V, et al. Modulation of slow magnetic relaxation by tuning magnetic exchange in $\{Cr_2Dy_2\}$ single molecule magnets[J]. Chemical Science, 2014, 5(8): 3246-3256.

第 **4** 章

溶剂调控β-二酮镝配合物

4.1　引言

　　众所周知，目标化合物结构的形成常常受到溶剂效应、pH 值、抗衡离子以及中心离子周围静电势等条件的影响，从而降低或提高电子密度[1-4]。特别令人关注的是，通过溶剂效应的调控，可丰富金属离子配位行为，甚至在相同的反应体系中，这种作用也可以改变配位环境和金属离子的几何对称性[5]。鉴于此，本章研究了简单化学组装制备的四例具有不同结构和局部对称性的单核镝配合物。通过对结构和磁性的实验结果分析和从头计算研究，探究镝离子配位结构的差异对周围晶体场强度和各向异性（D）的局部张量及其它们的相对取向的影响，解释了四种配合物的磁学行为和磁各向异性的差异。

4.2　目标分子的合成

　　单核镝配合物 **14**～**17** 的合成路线如图 4.1 所示

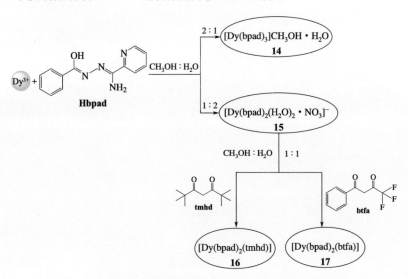

图4.1　单核镝配合物 **14**～**17** 的合成示意图

（1）Hbpad 配体的合成

Hbpad 配体的合成参照先前文献报道[6]，将金属钠（0.15g）和 2-氰基吡啶（3.0g）混合溶于甲醇中搅拌 2h，再加入苯甲酰肼（3.0g），最后加入冰醋酸（0.3g）。最终将反应得到的黄色沉积物过滤，然后用乙醇洗涤，最后真空干燥得到白色粉末即产物 Hbpad（产率：74%）。元素分析（%，质量分数）：$C_{13}H_{12}N_4O$ 分子量为 240.29，计算值 C 为 64.98，H 为 5.04，N 为 23.32；实验值 C 为 64.92，H 为 5.00，N 为 23.26。熔点：206~207℃。红外光谱（KBr，cm^{-1}）：3403（s），3342（m），3215（s），1667（s），1633（s），1615（s），1585（m），1556（s），1476（s），1398(s)，1299(m)，1152(w)，1054(w)，999(m)，790(m)，698(m)。

（2）$[Dy(bpad)_3 \cdot CH_3OH \cdot H_2O]$（**14**）的合成

将三乙胺（0.007mL，0.05mmol）和 bpad（0.146g，0.6mmol）放入 CH_3OH/H_2O 混合溶剂中（15mL，2∶1）搅拌 0.5h，然后加入 $Dy(NO_3)_3 \cdot 6H_2O$（0.091g，0.2mmol），室温下搅拌 3h 后过滤，滤液静置挥发，4 天后析出黄色晶体（产率为 72%，基于 Dy^{3+}）。元素分析（%，质量分数）：$C_{40}H_{39}DyN_{12}O_5$ 分子量为 930.33，计算值 C 为 51.59，H 为 4.19，N 为 18.06；实验值 C 为 51.52，H 为 4.18，N 为 18.02。红外光谱（KBr，cm^{-1}）：3441（w），1634（m），1597(s)，1521(s)，1474(s)，1187(s)，1436(m)，1362(s)，1163(w)，1031（w），806（w），712（m）。

（3）$[Dy(bpad)_2(H_2O)_2 \cdot NO_3]$（**15**）的合成

化合物 **15** 的合成步骤与 **14** 相似，不同之处在于 CH_3OH/H_2O 比例改为 1∶2。滤液静置挥发，七天后得到浅黄色晶体（产率为 78%，基于 Dy^{3+}）。元素分析（%，质量分数）：$C_{26}H_{26}DyN_9O_7$ 分子量为 739.06，计算值 C 为 42.22，H 为 3.52，N 为 17.05；实验值 C 为 42.16，H 为 3.49，N 为 17.02。红外光谱（KBr，cm^{-1}）：3436（w），1635（s），1585（s），1565（s），1521（s），1475（s），1434（m），1390（s），1165（m），1068（m），913（w），747（m），716(s)。

（4）$[Dy(bpad)_2(tmhd)]$（**16**）的合成

将配合物 **15**（0.074g，0.1mmol）加入含有配体 tmhd（0.018g，0.1mmol）和三乙胺（0.007mL，0.05mmol）的 CH_3OH/H_2O 混合溶液（15mL，1∶1）中，室温下搅拌 8h 后过滤，滤液静置缓慢蒸发，得到黄色晶体（产率为 92%，基于 Dy^{3+}）。元素分析（%，质量分数）：$C_{37}H_{41}DyN_8O_4$ 分子量为 824.28，计算值 C 为 53.87，H 为 4.97，N 为 13.59；实验值 C 为 53.83，

H 为 4.95，N 为 13.92。红外光谱（KBr，cm^{-1}）：3467（w），3368（w），2957（m），1627（s），1577（s），1510（s），1476（s），1401（s），1351（s），1300（m），1041（m），866（m），790（m），715（s），623（w）。

（5）[Dy(bpad)$_2$(btfa)]（17）的合成

化合物 17 的合成步骤与 16 相似，除了在合成过程中将配体 tmhd 替换为 btfa，得到黄色晶体（产率为 88%，基于 Dy^{3+}）。元素分析（%，质量分数）：C$_{36}$H$_{28}$DyF$_3$N$_8$O$_4$ 分子量为 856.16，计算值 C 为 50.46，H 为 3.27，N 为 13.08；实验值 C 为 50.42，H 为 3.25，N 为 13.02。红外光谱（KBr，cm^{-1}）：3476（w），3375（w），1627（s），1518（s），1468（s），1392（m），1359（s），1293（s），1192（m），1142（m），1033（w），790（w），723（m），640（m），573（w）。

4.3 结构表征及分析

4.3.1 晶体数据

选择配合物 14～17 的大小和质量合适的单晶，放置在 X 射线单晶衍射仪上，利用石墨单色器单色化的 Mo-K$_\alpha$ 辐射（λ = 0.71073 Å）收集衍射数据。利用 SAINT 和 SADABS[7] 进行数据处理和吸收校正。结构精修在 SHELXTL-2018 程序[8] 上完成，并利用基于 F^2 的全矩阵最小二乘法对非氢原子进行精修至收敛。配合物 14 中出现溶剂间隙（checkcif 中有 B 类错误），同时一个苯环中存在不对称残留，该现象是由原子的热振动引起（由于接近未占据的空轨道）。配合物 15 中的 bpad 配体和配合物 16 中的 tmhd 配体上的 C 原子和 H 原子以及配合物 17 中 btfa 配体上的 C 原子和 F 原子均出现了无序。表 4.1 为目标配合物的晶体学数据及精修参数，表 4.2 为目标配合物部分键长键角。

表4.1　配合物 14～17 的晶体学数据和精修参数

晶体学数据和精修参数	14	15	16	17
实验分子式	C$_{40}$H$_{39}$DyN$_{12}$O$_5$	C$_{26}$H$_{26}$DyN$_9$O$_7$	C$_{37}$H$_{41}$DyN$_8$O$_4$	C$_{36}$H$_{28}$DyF$_3$N$_8$O$_4$
分子量	930.33	739.10	824.28	856.16
晶系	单斜晶系	单斜晶系	三斜晶系	三斜晶系

晶体学数据和精修参数	14	15	16	17
空间群	C2/c	C2/m	P-1	P-1
a/Å	34.84(5)	14.524(10)	9.931(7)	9.5220(15)
b/Å	11.511(16)	25.011(17)	13.144(10)	13.300(2)
c/Å	22.16(3)	8.740(6)	15.467(12)	14.914(2)
α/(°)	90	90	77.412(9)	73.604(4)
β/(°)	113.132(12)	110.342(10)	75.502(8)	75.273(4)
γ/(°)	90	90	89.222(9)	74.318(5)
V/Å³	8173(20)	2977(4)	1906(2)	1711.9(5)
Z	8	4	2	2
计算密度 D_c/(mg/m³)	1.506	1.770	1.436	1.661
吸收系数 μ/mm⁻¹	1.887	2.583	2.008	2.252
F(000)	3736	1588	834	850
R_{int}	0.0501	0.0320	0.0226	0.0478
Θ 范围 /(°)	2.008～25.009	2.485～28.324	2.603～27.348	2.986～27.544
收集的衍射点 / 独立	20350/7203	8489/3534	15084/8002	53069/7866
修正参数	543	394	539	518
R 指数 [$I>2\sigma(I)$]	$R_1 = 0.0332$ $wR_2 = 0.0599$	$R_1 = 0.0411$ $wR_2 = 0.1242$	$R_1 = 0.0277$ $wR_2 = 0.0588$	$R_1 = 0.0292$ $wR_2 = 0.0561$
温度 /K	100.15	296	293(2)	150(2)

表4.2 配合物14～17的键长、键角表

化学键	键长/Å	化学键	键角/(°)
化合物 14			
Dy(1)—O(1)	2.366(4)	O(1)—Dy(1)—N(2)	63.69(12)
Dy(1)—O(3)	2.355(3)	O(1)—Dy(1)—N(6)	71.22(12)
Dy(1)—N(4)	2.618(4)	O(1)—Dy(1)—N(10)	127.83(13)
Dy(1)—N(8)	2.626(4)	O(2)—Dy(1)—O(1)	99.88(14)
Dy(1)—N(12)	2.639(4)	O(2)—Dy(1)—N(2)	71.96(11)
N(1)—N(2)	1.412(5)	O(2)—Dy(1)—N(6)	64.80(11)
Dy(1)—O(2)	2.352(4)	O(1)—Dy(1)—N(4)	124.22(10)
Dy(1)—N(2)	2.456(4)	O(1)—Dy(1)—N(8)	73.21(11)
Dy(1)—N(6)	2.437(4)	O(1)—Dy(1)—N(12)	77.57(13)
Dy(1)—N(10)	2.469(5)	O(2)—Dy(1)—O(3)	75.79(14)
O(1)—C(7)	1.285(5)	O(2)—Dy(1)—N(4)	76.92(11)
N(5)—N(6)	1.412(5)	O(2)—Dy(1)—N(8)	126.82(10)

化学键	键长/Å	化学键	键角/(°)
		化合物 15	
Dy(1)—O(1)	2.27(7)	O(1)—Dy(1)—O(1A)	61.8(19)
Dy(1)—O(1W)	2.35(6)	O(1)—Dy(1)—O(2)	104.5(3)
Dy(1)—O(2A)	2.22(7)	O(1)—Dy(1)—O(2W)	103.0(3)
Dy(1)—N(2)	2.36(8)	O(1)—Dy(1)—N(2A)	105.1(15)
Dy(1)—N(4)	2.50(5)	O(1)—Dy(1)—N(4A)	136.5(14)
Dy(1)—N(6)	2.39(8)	O(1)—Dy(1)—N(6A)	34.1(15)
Dy(1)—N(8)	2.44(6)	O(1)—Dy(1)—O(1W)	144.6(6)
Dy(1)—O(1A)	2.23(7)	O(1)—Dy(1)—O(2A)	61.4(14)
Dy(1)—O(2)	2.22(7)	O(1)—Dy(1)—N(2)	64.8(3)
Dy(1)—O(2W)	2.32(6)	O(1)—Dy(1)—N(4)	128.3(2)
Dy(1)—N(2A)	2.44(8)	O(1)—Dy(1)—N(6)	83.3(3)
Dy(1)—N(4A)	2.45(5)	O(1)—Dy(1)—N(8)	71.9(3)
Dy(1)—N(6A)	2.45(8)		
Dy(1)—N(8A)	2.57(6)		
		化合物 16	
Dy(1)—O(1)	2.294(2)	O(1)—Dy(1)—O(2)	101.49(8)
Dy(1)—O(3)	2.323(3)	O(1)—Dy(1)—O(4)	101.08(8)
Dy(1)—N(1)	2.598(3)	O(1)—Dy(1)—N(3)	64.68(9)
Dy(1)—N(5)	2.599(3)	O(1)—Dy(1)—N(7)	87.66(9)
Dy(1)—O(2)	2.320(3)	O(2)—Dy(1)—N(1)	76.49(8)
Dy(1)—O(4)	2.316(2)	O(2)—Dy(1)—N(5)	126.62(8)
Dy(1)—N(3)	2.441(3)	O(1)—Dy(1)—O(3)	150.69(8)
Dy(1)—N(7)	2.482(3)	O(1)—Dy(1)—N(1)	127.71(7)
		O(1)—Dy(1)—N(5)	75.42(8)
		O(2)—Dy(1)—O(3)	94.40(8)
		O(2)—Dy(1)—N(3)	91.43(7)
		O(2)—Dy(1)—N(7)	63.92(7)
		化合物 17	
Dy(1)—O(4)	2.289(2)	O(4)—Dy(1)—O(3)	105.00(7)
Dy(1)—O(2)	2.335(2)	O(3)—Dy(1)—O(2)	147.25(7)
Dy(1)—N(3)	2.428(2)	O(3)—Dy(1)—O(1)	89.46(7)
Dy(1)—N(1)	2.559(2)	O(4)—Dy(1)—N(3)	64.28(7)
O(1)—C(35)	1.253(4)	O(2)—Dy(1)—N(3)	79.42(7)
O(3)—C(20)	1.295(3)	O(4)—Dy(1)—N(7)	87.00(7)
N(1)—C(1)	1.335(4)	O(4)—Dy(1)—O(2)	103.04(7)

二酮镝单分子磁体的制备及性能调控

化学键	键长/Å	化学键	键角/(°)
		化合物 17	
N(2)—C(6)	1.346(4)	O(4)—Dy(1)—O(1)	151.01(7)
Dy(1)—O(3)	2.300(2)	O(2)—Dy(1)—O(1)	73.53(7)
Dy(1)—O(1)	2.357(2)	O(3)—Dy(1)—N(3)	97.86(7)
Dy(1)—N(7)	2.441(2)	O(1)—Dy(1)—N(3)	139.52(7)
Dy(1)—N(5)	2.585(2)	O(3)—Dy(1)—N(7)	64.77(8)
O(2)—C(33)	1.254(3)		
O(4)—C(7)	1.296(3)		
N(1)—C(5)	1.347(3)		
N(3)—C(6)	1.296(3)		

4.3.2 晶体结构描述

单晶结构分析表明，四例配合物均为单核结构。配合物 **14** 和 **15** 属于单斜晶系，分别为 $C2/c$ 和 $C2/m$ 空间群，而 **16** 和 **17** 则属于三斜晶系 P-1 空间群。配合物 **14** 中的镝离子被来自 3 个配体 bpad 上的 3 个 O 原子和 6 个 N 原子包围，形成了九配位的几何构型（图 4.2）。Dy—O 键的平均键长为 2.358Å，而 Dy—N 键的平均键长为 2.541Å。[Dy(bpad)$_3$] 分子间的 Dy···Dy 最短距离为 9.529Å。作为对比，配合物 **15**～**17** 中的镝离子均是八配位构型。在 **15** 中，两个配体 bpad 以三齿螯合的方式与镝离子配位，两个 H_2O 分子共同参与配位，形成 DyN_4O_4 配位层（图 4.2）。Dy—O 键和 Dy—N 键的平均键长分别为 2.297Å 和 2.378Å。值得注意的是，配合物 **15** 中两个配位 H_2O 分子被 tmhd 和 btfa 取代，形成 **16** 和 **17** 的构型。相应地，镝离子中心与来自两个 bpad 配体上的 6 个原子（4 个 N 原子和 2 个 O 原子）和两个来自 tmhd 辅助配体上的 2 个 O 原子连接，而配合物 **17** 中的金属中心与来自 btfa 上的 6 个 O 原子和两个 bpad 辅助配体上的 2 个 O 原子配位。Dy—O 和 Dy—N 的平均键长分别为 2.314Å 和 2.530(3)Å、2.321Å 和 2.504(4)Å。在 **14**～**17** 中，两个孤立分子之间的 Dy···Dy 最短距离分别为 8.740Å、7.642Å 和 7.292Å。如预期的那样，配合物 **14** 中的 Dy—O 和 Dy—N 的键长比配合物 **15**～**17** 中的 Dy—O 和 Dy—N 的键长要长，当配合物 **15** 中的两个配位 H_2O 分子在配合物 **16** 和 **17** 中被不同的 β- 二酮配体取代时，Dy—O 和 Dy—N 键明显增大。

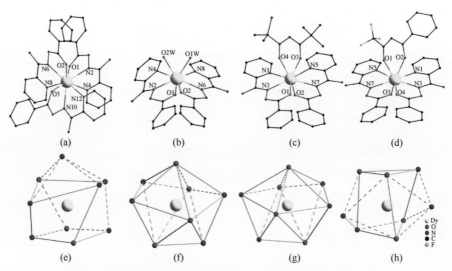

图 4.2 配合物中镝离子配位环境图 **14**（a）、**15**（b）、**16**（c）、**17**（d）
及配位几何构型 **14**（e）、**15**（f）、**16**（g）、**17**（h）

为了清楚显示，省略了氢原子

使用 SHAPE2.1 软件[9]对目标配合物中镝离子的几何形状进行计算，计算结果越接近于零，说明其对应的几何构型越接近理想构型，相反，值越大，说明与理想构型偏离越大。计算结果如表 4.3 所示，配合物 **14** 的镝

表 4.3　利用 SHAPE2.1 计算得到的配合物 14～17 中镝离子几何构型结果

构型	ABOXIY	构型	ABOXIY		
	14		15	16	17
七角双锥体 (D_{7h})	16.452	六角双锥体 (D_{6h})	15.610	13.920	13.754
正三角台塔 J3 (C_{3v})	13.918	立方体 (O_h)	12.966	10.638	10.429
单帽立方体 (C_{4v})	10.240	四方反棱柱 (D_{4d})	4.625	3.962	4.311
球面单帽立方体 (C_{4v})	8.451	三角十二面体 (D_{2d})	2.845	3.215	3.585
正四角锥反棱柱 J10 (C_{4v})	2.631	异相双三角柱 J26 (D_{2d})	12.799	10.931	11.615
单帽四方反棱柱 (C_{4v})	1.152	双三角锥柱 J14 (D_{3h})	22.297	22.802	23.040
三帽三棱柱 J51 (D_{3h})	3.552	双侧锥三棱柱 J50 (C_{2v})	3.535	3.288	3.277
三帽三棱柱 (D_{3h})	2.199	双帽三棱柱 (C_{2v})	3.143	3.288	3.114
正十二面体欠双侧锥 J63 (C_{3v})	11.527	变棱双五角锥 J84 (D_{2d})	3.782	3.032	3.610
呼啦圈型 (C_{2v})	11.579	三角化四面体 (T_d)		11.431	11.213
松饼型 (C_s)	1.506	长三角双锥构型 (D_{3h})		20.980	21.004

注：ABOXIY 表示构型偏差值。

离子更接近单帽四方反棱柱（C_{4v}）构型。此外，配合物**15**和**16**的镝离子接近三角十二面体（D_{2d}）构型。相比之下，配合物**17**中镝离子的构型更接近双帽三棱柱（C_{2v}）。显然，金属中心周围不同的配位环境和几何结构会导致配合物具有不同的磁性行为。

4.3.3　X射线粉末衍射分析

为了保证后续磁性研究的可靠性，对制备的多晶样品进行了PXRD的测试研究（图4.3）。结果表明，粉末衍射实验曲线和理论模拟曲线吻合度极高，充分确认了样品纯度。

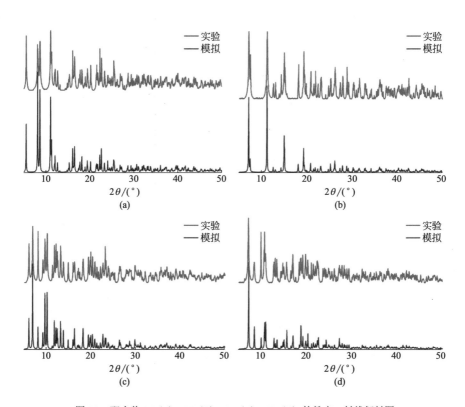

图4.3　配合物**14**（a）、**15**（b）、**16**（c）、**17**（d）的粉末X射线衍射图

4.4 磁性表征及分析

首先对目标配合物的变温磁化率进行测试（图4.4），室温下配合物 **14~17** 的 $\chi_M T$ 值分别为 13.83(cm³·K)/mol、13.64(cm³·K)/mol、13.62(cm³·K)/mol 和 13.81(cm³·K)/mol，接近理论值 14.2(cm³·K)/mol。从 300K 到 100K，随温度的下降配合物 **14~17** 的 $\chi_M T$ 值均保持平稳下降趋势。当温度降低到 1.8K 时，配合物 **14~17** 的 $\chi_M T$ 值分别下降到 11.84(cm³·K)/mol、10.07(cm³·K)/mol、9.62(cm³·K)/mol 和 9.80(cm³·K)/mol，这种趋势主要是由镝激发态 Stark 亚能级的逐渐解居或分子之间弱的反铁磁耦合作用所致。在 2K 下，配合物 **14~17** 磁化强度饱和值分别为 5.89Nβ、3.58Nβ、5.65Nβ 和 5.11Nβ（图4.5），显著偏离了理论饱和值 10Nβ。此外，不同温度下磁化强度曲线没有叠加，这表明 **14~17** 存在磁各向异性或低占据激发态（图4.4）。

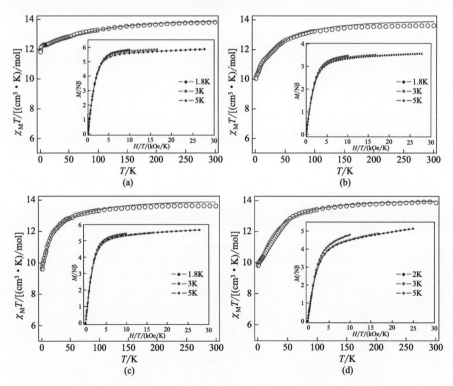

图4.4 配合物 **14**（a）、**15**（b）、**16**（c）、**17**（d）变温磁化率曲线图

插图：不同温度下 **14~17** 的磁化强度图

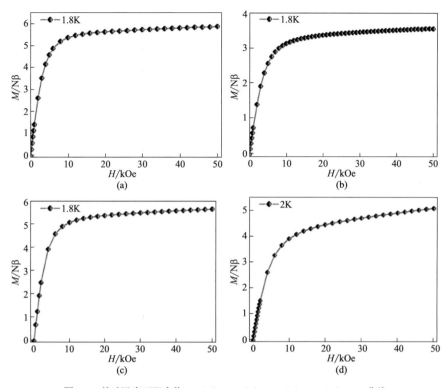

图4.5　基础温度下配合物 **14**（a）、**15**（b）、**16**（c）、**17**（d）*M-H*曲线

　　为了探究其磁动力学行为，在零场下对 **14**～**17** 进行了交流磁化率的温度依赖测试（图4.6）。遗憾的是，以上配合物的交流磁化率的实部（χ'）和虚部（χ''）在 2K 以上均没有出现峰值。配合物 **14**～**17** 的 χ' 和 χ'' 值随温度的降低而增加，这表明存在强的 QTM，这样的现象也存在于一些已报道的镧系单离子磁体中。据文献报道，外加直流场可以有效抑制 QTM，通过配合物 **14**～**17** 的交流磁化率 χ'' 的场强依赖关系确定最佳的外加直流场。在 1200Oe 处有显著的峰值，表明了四种配合物的场致磁弛豫行为。因此，为了完全或部分抑制 QTM 效应，在 1200Oe 的直流场下测试了配合物 **14**～**17** 的交流磁化率数据，所有的配合物都具有单离子磁各向异性产生的慢磁弛豫的特征（图4.7 和图4.8），这表明了加场可以有效地抑制 QTM 效应。

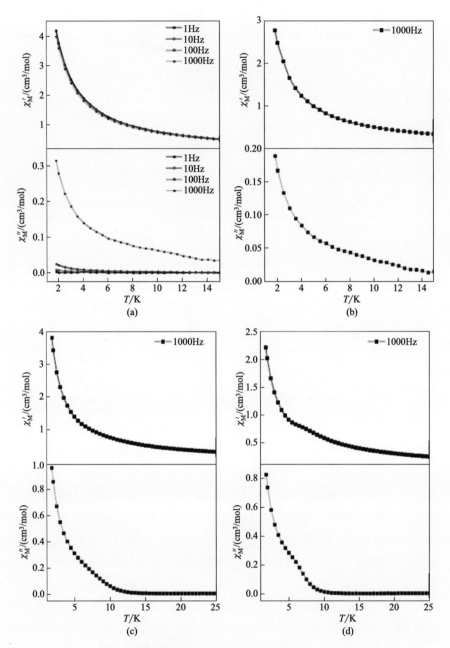

图4.6 零场下配合物 **14**（a）、**15**（b）、**16**（c）、**17**（d）
温度依赖的χ'和χ''交流磁化率曲线

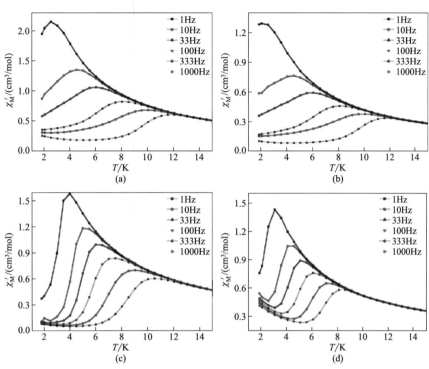

图4.7　1200 Oe下配物**14**（a）、**15**（b）、**16**（c）、**17**（d）
温度依赖的χ'交流磁化率曲线

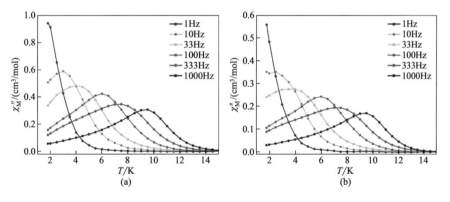

图4.8

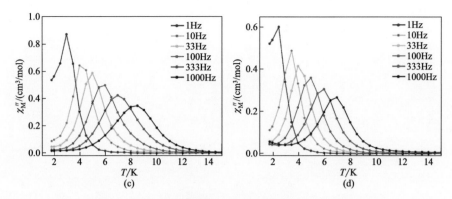

图4.8 1200 Oe 下配合物 **14**（a）、**15**（b）、**16**（c）、**17**（d）
温度依赖的 χ'' 交流磁化率曲线

此外，在1200Oe（图4.9和图4.10）的直流场下，对**14**～**17**的交流磁化率的频率依赖性进行了研究。配合物**14**～**17**的 χ' 和 χ'' 信号显示出强烈的频率依赖。随着温度的升高，四例配合物的虚部的峰值平稳地从低频区转移到高频区。依据频率依赖 χ'' 交流磁化率曲线的最大值，得到弛豫时间的对数 $\ln\tau$ 与温度的倒数 T^{-1} 关系图如图4.11所示，在较高温区用 Arrhenius 公式对图中数据进行线性拟合得到有效能垒（U_{eff}）。配合物**14**～**17**的 U_{eff} 分别为47.32K、40.68K、42.10K 和 39.74K，τ_0 值分别为 2.26×10^{-6}s、2.31×10^{-6}s、8.41×10^{-7}s 和 6.16×10^{-7}s。配合物**14**～**17**的 τ_0 在 10^{-11}～10^{-6}s 范围内，可判断四例配合物为单分子磁体。值得注意的是，图4.11中的数据随着温度的降低呈现弯曲，可能是由于其他弛豫过程的存在，比如奥巴赫过程、拉曼过程和直接过程。根据式（4.1）对所有数据点[10]进行多重弛豫拟合。

$$\tau^{-1} = AT + CT^n + \tau_0^{-1}\exp[-U_{eff}/(kT)] \tag{4.1}$$

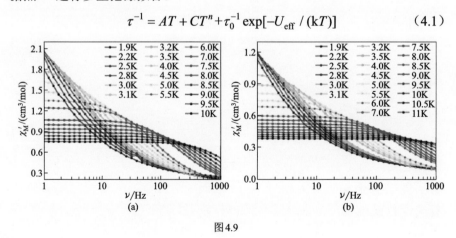

图4.9

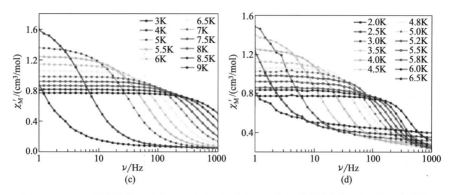

图4.9　1200 Oe下配合物 **14**（a）、**15**（b）、**16**（c）、**17**（d）频率依赖的χ'交流磁化率曲线

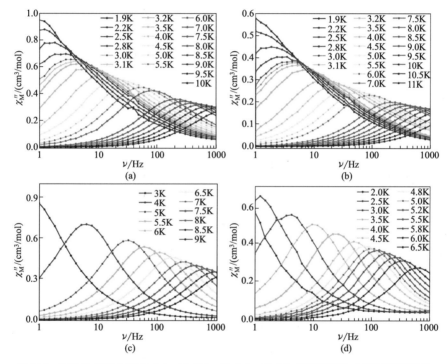

图4.10　1200 Oe下配合物 **14**（a）、**15**（b）、**16**（c）、**17**（d）频率依赖的χ''交流磁化率曲线

　　如图4.11所示，多重弛豫拟合结果较好地再现了配合物 **14** 的实验曲线，得到的拟合数据为 A=2.13，C=0.05，n=5.12，τ_0=2.28×10⁻⁸ s，U_{eff}=106.93K。研究表明，值得注意的是，$\ln\tau$ 在较高温区具有极好的线性相关性，表明了奥巴赫弛豫过程在此温度区间占主导地位，在低温区偏离意味着光学拉曼弛豫过程在此温度区间占主导地位。对于配合物 **15**～**17**，

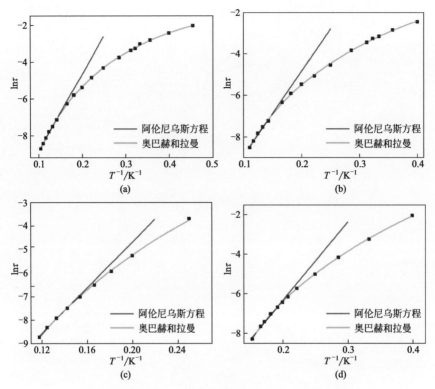

图4.11 1200 Oe下配合物 **14**（a）、**15**（b）、**16**（c）、**17**（d）的 $\ln\tau$ 相对于 T^{-1} 曲线

红色实线和实线分别代表阿伦尼乌斯拟合曲线和多重弛豫拟合曲线

奥巴赫和拉曼弛豫过程的结合可以更好地模拟实验数据。拟合结果分别为：**15**，$C=0.11$，$n=4.79$，$\tau_0=3.95\times10^{-7}\,\mathrm{s}$，$U_{eff}=52.55\mathrm{K}$；**16**，$C=0.04$，$n=6.62$，$\tau_0=3.51\times10^{-6}\,\mathrm{s}$，$U_{eff}=48.16\mathrm{K}$；**17**，$C=0.03$，$n=6.06$，$\tau_0=3.81\times10^{-7}\,\mathrm{s}$，$U_{eff}=51.41\mathrm{K}$。这表明在**15**～**17**中奥巴赫弛豫过程在此温度区间占主导地位。

配合物 **14**～**17** 的 Cole-Cole 曲线呈半圆状（图 4.12），用 Debye 模型对数据进行拟合 [11]，如表 4.4～表 4.7 所示，配合物 **14** 和 **15** 的 α 参数分别为 0.07～0.49 和 0.09～0.47，表明弛豫时间分布较宽。相反，配合物 **16** 和 **17** 的 α 值几乎都低于 0.17，表明弛豫时间的分布很窄。磁滞（图 4.13）是双稳态磁性分子的另一个典型特征，尽管这些配合物在外加磁场的情况下具有慢磁弛豫的特性，但是由于强的 QTM 几乎看不见磁滞开口。

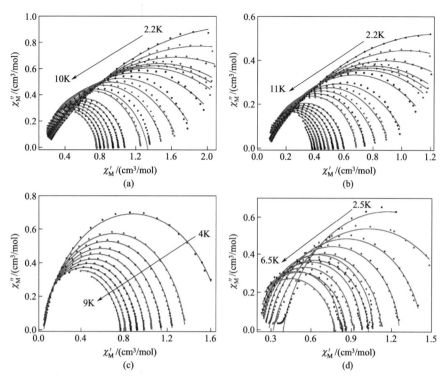

图4.12　1200 Oe下配合物 **14**（a）、**15**（b）、**16**（c）、**17**（d）的Cole-Cole 曲线图

实线为拟合曲线

表4.4　1200Oe下配合物14的Cole-Cole拟合参数表

T/K	χ_T	χ_S	α
2.2	4.519	0.171	0.489
2.5	3.659	0.157	0.470
2.8	3.120	0.147	0.447
3.0	2.777	0.147	0.421
3.1	2.453	0.145	0.401
3.2	2.129	0.142	0.384
3.5	2.078	0.141	0.362
4.0	1.893	0.141	0.341
4.5	1.738	0.140	0.294
5.0	1.542	0.139	0.237
5.5	1.381	0.137	0.183
6.0	1.256	0.139	0.158

T/K	χ_T	χ_S	α
7.0	1.139	0.138	0.147
7.5	1.072	0.136	0.133
8.0	0.936	0.134	0.119
8.5	0.887	0.133	0.095
9.0	0.803	0.139	0.088
9.5	0.775	0.141	0.074
10.0	0.754	0.148	0.066

表4.5　1200 Oe下配合物15的Cole-Cole拟合参数表

T/K	χ_T	χ_S	α
2.2	2.414	0.060	0.469
2.5	1.986	0.057	0.448
2.8	1.702	0.059	0.420
3.0	1.681	0.059	0.408
3.1	1.502	0.057	0.389
3.2	1.350	0.060	0.362
3.5	1.275	0.058	0.347
4.0	1.082	0.061	0.320
4.5	0.958	0.060	0.301
5.0	0.881	0.064	0.257
5.5	0.728	0.070	0.213
6.0	0.637	0.074	0.174
7.0	0.595	0.071	0.146
7.5	0.550	0.067	0.138
8.0	0.524	0.060	0.127
8.5	0.481	0.056	0.120
9.0	0.458	0.051	0.111
9.5	0.432	0.043	0.103
10.0	0.414	0.026	0.098
10.5	0.392	0.021	0.097
11.0	0.370	0.016	0.092

表4.6　1200 Oe下配合物16的Cole-Cole拟合参数表

T/K	χ_{T}	χ_{S}	α
4.0	1.708	0.046	0.115
5.0	1.363	0.040	0.089
5.5	1.141	0.032	0.082
6.0	1.110	0.031	0.079
6.5	1.054	0.030	0.077
7.0	0.940	0.022	0.080
7.5	0.906	0.017	0.083
8.0	0.861	0.013	0.089
8.5	0.811	0.003	0.093
9.0	0.766	0.002	0.089

表4.7　1200 Oe下配合物17的Cole-Cole拟合参数表

T/K	χ_{T}	χ_{S}	α
2.5	1.941	0.390	0.133
3.0	1.731	0.315	0.173
3.5	1.434	0.284	0.109
4.0	1.259	0.258	0.078
4.5	1.124	0.236	0.059
4.8	1.061	0.234	0.021
5.0	1.026	0.216	0.056
5.2	0.975	0.218	0.030
5.5	0.909	0.196	0.042
5.8	0.858	0.154	0.085
6.0	0.816	0.165	0.027
6.5	0.772	0.123	0.107

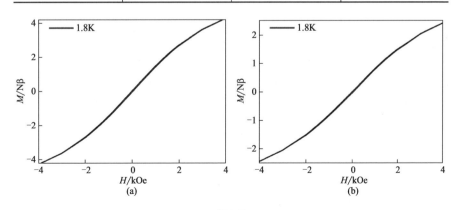

图4.13

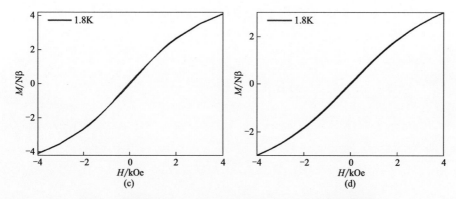

图4.13 配合物14（a）、15（b）、16（c）、17（d）的磁滞回线图

　　研究发现，九配位的 **14** 相比于八配位的 **15**～**17** 具有更高的各向异性能垒（超过两倍）。如上文所述，**15** 中的两个配位 H_2O 分子分别被两个 *β*-二酮取代，形成两个新的配合物（**16** 和 **17**），而八配位镝离子的配位几何从 **15** 中的三角十二面体（D_{2d}）转变为 **16** 中的十二面体模式（D_{2d}），在 **17** 中转变为双帽三棱柱（C_{2v}）。与配合物 **16** 中的模式相比，**17** 的几何构型发生了相对明显的变化，这可能是由 *β*- 二酮取代基的结构不对称所致。实际上，从 SHAPE 软件中得到的 CShMs 值表明，配合物 **15**～**17** 之间没有明显的结构转变，这与三种配合物相近的各向异性能垒相对应。虽然镝离子在 **15** 和 **16** 均为十二面体（D_{2d}）构型，但由于配合物 **15** 更接近理想的几何形状，所以配合物 **15** 的能垒更高，这也是由 SHAPE 程序的计算所证实的。从目标配合物金属间的最短距离（**14**，9.529；**15**，8.740；**16**，7.642；**17**，7.292）可以看出，不同的偶极相互作用和交换偏置可以显著地影响配合物 **14**～**17** 的动态磁化过程。结果表明，与配合物 **15**～**17** 相比，镝离子之间的距离在配合物 **14** 中最大，意味着偶极 - 偶极相互作用最弱，这可能导致了 **14** 与其他配合物弛豫能垒的差异。

4.5　理论计算与分析

　　使用 MOLCAS 8.0 软件进行理论计算 [12]。具体操作步骤：基于配合物 **14**～**17** 的 X 射线单晶衍射测试得到的镝节点配位构型，使用完全活性空间自洽场（CASSCF）方法完成计算。原子基组均来自 MOLCAS

中 ANO-RCC 数据库中的原子自然轨道基组，其中顺磁中心镝离子采用 ANO-RCC-VTZP 基组；相邻 N、O 原子采用 VTZ 基组；其他较远的原子采用 VDZ 基组。计算采用二阶 Douglas-Kroll-Hess 哈密顿函数，其中所有基组都考虑了相对论效应。同时也使用计算自旋 - 轨道耦合的 RASSI 程序计算相应能级。在 CASSCF 计算中，磁性中心的 4f 电子分布在 7 个轨道上，CAS（9 in 7）。为了排除可能的疑问，在有效空间内计算了金属离子的所有电子态。由于计算机硬件的限制，最大限度地选用所有自旋 - 自由态（21 个六重态、128 个四重态及 130 个二重态）。

为了探究配合物 **14**～**17** 磁性差异的原因，进一步了解慢磁弛豫机理，基于 **14**～**17** 的晶体结构，按照上述理论计算方法，得出配合物 **14**～**17** 的 8 个最低 KDs 的相对能量和 g 张量（表 4.8）。其中，四例配合物的有效 g_z 因子接近 Ising 极限值 20，反映了四例配合物中的镝离子均表现出明显的单轴磁各向异性。相比于其他配合物，**14** 具有较大的 g_z 张量（19.431），因此有较强的单轴磁各向异性。原则上，g 因子的较大横向分量可能导致两种 Kramers 基态的结合，从而产生零场 QTM。与 g_z 相比，计算得到的 $g_{x,y}$ 张量是不可忽略的，表明配合物 **14**～**17** 的基态 KDs 均存在 QTM。图 4.14 显示了 **14**～**17** 中基态 KD$_S$ 的易轴方向。令人欣慰的是，从头计算模拟得到的单核分子的 $\chi_M T$-T 曲线与实验结果相当吻合（图 4.4），说明了分子间偶极 - 偶极相互作用很弱。

表4.8　配合物 14～17 的八个最低 KDs 及其相对应的能量 E 和 g 张量

KDs	14			15			16			17		
	E/cm^{-1}	g	m_J	E/cm^{-1}	g	m_J	E/cm^{-1}	g	m_J	E/cm^{-1}	g	m_J
1	0.0	0.021 0.035 19.640	±15/2	0.0	0.333 0.986 17.957	±15/2	0.0	0.158 0.440 17.443	±15/2	0.0	0.107 0.326 17.644	±15/2
2	167.4	0.986 3.191 14.317	±9/2	55.1	1.120 1.892 14.549	±9/2	31.4	0.042 0.490 16.489	±9/2	51.3	0.102 0.383 15.876	±9/2
3	204.5	1.485 2.062 14.400	±13/2	107.0	0.145 2.956 13.968	±13/2	125.9	2.157 3.191 15.054	±13/2	126.3	0.314 0.590 14.799	±13/2
4	289.6	1.181 3.039 12.429	±11/2	153.5	0.263 2.593 14.109	±11/2	185.6	1.273 4.310 7.608	±11/2	146.4	0.771 2.814 11.278	±11/2

KDs	14			15			16			17		
	E/cm⁻¹	g	m_J	E/cm⁻¹	g	m_J	E/cm⁻¹	g	m_J	E/cm⁻¹	g	m_J
5	348.8	9.202 5.292 1.026	±1/2	234.6	3.733 6.502 9.380	±1/2	216.5	7.748 6.236 0.223	±1/2	198.8	7.520 6.292 3.696	±1/2
6	364.9	10.480 7.255 2.274	±7/2	272.6	0.045 2.440 13.334	±7/2	296.4	0.321 3.937 10.867	±7/2	263.3	2.495 3.198 11.362	±7/2
7	409.5	2.118 4.204 13.743	±5/2	1583.5	1.358 2.200 15.310	±5/2	358.3	2.191 2.730 15.615	±5/2	291.4	2.840 6.607 11.247	±5/2
8	529.5	0.178 0.328 19.302	±3/2	478.5	0.041 0.085 19.514	±3/2	436.8	0.249 0.467 18.547	±3/2	395.4	0.082 0.247 18.561	±3/2

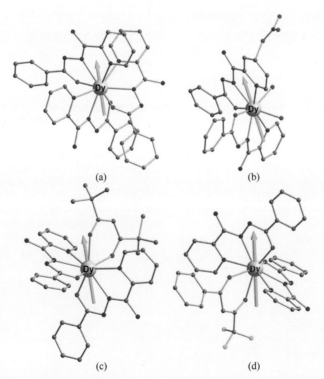

(a)　　　　　　　　　　(b)

(c)　　　　　　　　　　(d)

图4.14　配合物14（a）、15（b）、16（c）、17（d）的磁各向异性轴方向

如图 4.15 所示，配合物 **14～17** 的基态自旋轨道态的横向磁矩分别为 0.0094μ_B、0.22μ_B、0.1μ_B 和 0.072μ_B，表明配合物 **14** 的基态 QTM 低温时被适当抑制。相反的，**15～17** 的横向磁矩相对较大，进而促进了 QTM 效应。QTM 效应一般被横向各向异性量化，与每个 Kramers 二重态（KD）的 g_x 和 g_y 张量有关，该值越小代表 QTM 效应越弱。与之前已报道的能垒超过 1000K 的 Dy-SIM[13] 的 $g_{x,y}$ 张量（0.5×10⁻⁵ 到 0.8×10⁻³）相比，本章四个配合物的 $g_{x,y}$ 张量要大 3～5 个数量级。因此，零场下强 QTM 效应使四例配合物都没有表现出慢磁弛豫行为。理论计算很好地解释了 **14～17** 零场下的单离子行为。值得注意的是，合理地施加外加直流场后，配合物 **14～17** 实验得到的能垒和理论计算得到的基态和第一激发态之间的能隙基本一致。实验和理论值之间的微小差异可能来源于多种弛豫过程（例如偶极 - 偶极相互作用或振动耦合引起的基态 QTM）的共存。

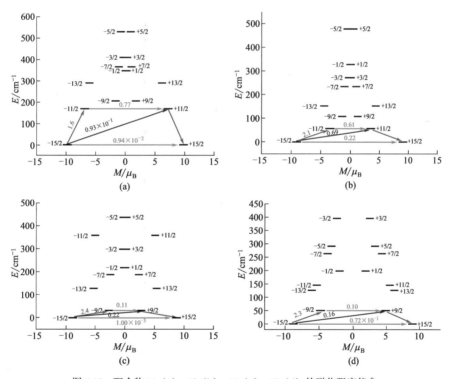

图 4.15　配合物 **14**（a）、**15**（b）、**16**（c）、**17**（d）的磁化阻塞能垒

本章研究了一系列酰腙衍生物与 β- 二酮配体单核镝配合物的组装过程。配合物 **14** 和 **15** 的制备和结构调控是通过调节溶剂的比例实现的，而

16 和 17 是通过配合物 15 与相应的 β- 二酮配体组合得到的。结果表明，四种配合物的中心镝离子形成了不同的配位几何构型，在 14 中形成了九配位模式（C_{4v}），而在配合物 15 ～ 17 中形成了具有不同几何构型的八配位模式（15 和 16 为 C_{4d}；17 为 C_{2v}。因此，溶剂效应导致的几何多样性对金属离子与配体之间的轨道重叠和镝位点的单离子各向异性产生了显著的影响，从而产生了不同的 SMM 行为，配合物 14 ～ 17 的各向异性能垒分别为 106.93K、52.55K、48.16K 和 51.41K。本章说明，相对简单且有效的策略，即微调单核镝单分子磁体中的配位几何和磁学性质切实可行，相关研究促进了对磁构关系和弛豫机制的认识，为最终实现开发新的、性能更好的单分子磁体的目标奠定了理论基础。

参考文献

[1] Zhang X J, Vieru V, Feng X W, et al. Influence of guest exchange on the magnetization dynamics of dilanthanide single-molecule-magnet nodes within a metal-organic framework[J]. Angewandte Chemie International Edition, 2015, 54(34): 9861-9865.

[2] Liu X Y, Li F F, Ma X H, et al. Coligand modifications fine-tuned the structure and magnetic properties of two triple-bridged azido-Cu(Ⅱ) chain compounds exhibiting ferromagnetic ordering and slow relaxation[J]. Dalton Transaction, 2017, 46(4): 1207-1217.

[3] Duan C W, Hu L X, Ma J L, et al. Ionic liquids as an efficient medium for the mechanochemical synthesis of α-AlH$_3$ nano-composites[J]. Journal of Materials Chemistry A, 2018, 6(15): 6309-6318.

[4] Liu B, Zhou H F, Hou L, et al. Structural diversity of cadmium(Ⅱ) coordination polymers induced by tuning the coordination sites of isomeric ligands[J]. Inorganic Chemistry, 2016, 55(17): 8871-8880.

[5] Jiang Y, Brunet G, Holmberg R J, et al.Terminal solvent effects on the anisotropy barriers of Dy$_2$ systems[J]. Dalton Transaction, 2016, 45(42): 16709-16715.

[6] van Koningsbruggen P J, Haasnoot J G, de Graaff R A, et al. Syntheses, spectroscopic and magnetic properties and X-ray crystal structure of two dinuclear copper(Ⅱ) compounds with the ligand N$_3$-salicyloyylpyridine-2-carboxamidrazonato[J]. Inorganica Chimica Acta, 1995, 234(1): 87-94.

[7] Sheldrick G M. Program for empirical absorption correction of area detector data[J]. Sadabs, 1996.

[8] Sheldrick G M, SHELXS-2018 and SHELXL-2018, program for crystal structure determination[D]. University of Göttingen: Göttingen, Germany, 2018.

[9] Casanova D, Llunell M, Alemany P, et al. The rich stereochemistry of eight-vertex polyhedra: a continuous shape measures study [J]. Chemistry-A European Journal, 2005,

11(5): 1479-1494.

[10] Carlin R L, van Duyneveldt A J. Magnetic properties of transition metal compounds[M]. New York：Springer, 1977.

[11] Aubin S M J, Sun Z, Pardi L, et al. Reduced anionic Mn_{12} molecules with half-integer ground states as singlemolecule magnets. Inorganic Chemistry, 1999, 38(23), 5329-5340.

[12] Karlström G, Lindh R, Malmqvist P Å, et al. MOLCAS: a program package for computational chemistry[J]. Computational Materials Science, 2003, 28(2): 222-239.

[13] Liu J, Chen Y C, Liu J L, et al. A stable pentagonal bipyramidal Dy (Ⅲ) single-ion magnet with a record magnetization reversal barrier over 1000 K[J]. Journal of the American Chemical Society, 2016, 138(16): 5441-5450.

第 **5** 章

多齿希夫碱配体辅助的双核 β-二酮镝配合物

5.1 引言

与过渡金属自旋中心不同，稀土镝配合物的磁弛豫现象和单分子磁体行为主要来源于其强的单离子各向异性和大的自旋基态。之前的文献报道和前章内容表明，除分子内金属离子的构型对称性和静电势分布以外，中心离子间的偶极相互作用也是影响稀土镝单分子磁体磁行为的因素之一，如何实现离子间相互作用与其他影响因素的协同效应是重要的研究方向。通常来说，单一组分的 β- 二酮类化合物较难获得多核稀土配合物，而在多齿有机配体的配合下，有望获得双核甚至是多核稀土配合物，能够为直接研究离子间偶极相互作用提供理想的实验模型。在本章中，将一种多齿希夫碱类辅助配体引入到不同的 β- 二酮稀土镝体系，得到了两例双核镝配合物，对目标物的结构和磁性开展了实验和理论分析，以期探究中心金属离子间偶极相互作用对其磁行为的影响，阐明分子内单离子各向异性和分子间相互作用的协同效应。

5.2 目标分子的合成

配合物 **18**、**19** 的合成路线如图 5.1 所示。

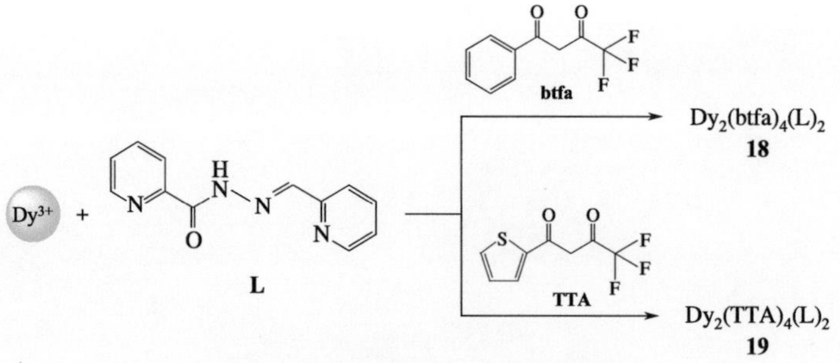

图5.1 配合物 **18**、**19** 的合成示意图

（1）配合物 $Dy_2(btfa)_4(L)_2$（**18**）的合成

将 btfa（0.065g，0.3mmol）和 Et_3N（0.014mL，0.1mmol）一次加入 15mL 甲醇溶液中，搅拌 10min 后再向内加入 $DyCl_3 \cdot 6H_2O$（0.075g，0.2mmol）。混

合溶液继续搅拌 1h，最后加入固态 L（0.068g，0.3mmol）配体，淡紫色溶液搅拌 3h 后过滤，滤液挥发三天析出淡黄色六边形片状晶体，产率为 65%（基于 Dy^{3+}）。元素分析（%，质量分数）：$C_{64}H_{42}Dy_2F_{12}N_8O_{10}$ 分子量为 1636.06，计算值 C 为 46.94，H 为 2.57，N 为 6.85；实验值 C 为 46.90，H 为 2.52，N 为 6.81。主要的红外光谱数据 IR(KBr) 为：3067(w)，1616(s)，1578(s)，1472(s)，1375(m)，1240(m)，1134(s)，873(w)，5698（m）。

（2）配合物 $Dy_2(TTA)_4(L)_2$（**19**）的合成

除将 btfa 配体换成 TTA（0.067g，0.3mmol）配体外，其他实验步骤都同配合物 **18** 的合成一致。三天内得到黄色块状晶体，产率为 58%（基于 Dy^{3+}）。元素分析（%，质量分数）：$C_{56}H_{34}Dy_2F_{12}N_8O_{10}S_4$ 分子量为 1660.19，计算值 C 为 40.48，H 为 2.05，N 为 6.75；实验值 C 为 40.41，H 为 2.02，N 为 6.68。主要的红外光谱数据 IR(KBr) 为：3434(m)，2926(w)，1611（s），1472（s），1291（s），1467（s），1243（s），7808（w），717（m）。

5.3 结构表征及分析

5.3.1 晶体数据

配合物 **18** 和 **19** 的单晶衍射实验均通过 Bruker Smart Apex-CCD 型衍射仪分析完成，采用 Mo 靶 K_α 辐射，$\lambda = 0.71073Å$。数据的吸收和校正使用 SAINT 和 SADABS 软件完成[1]。用 SHELXTL-2014 软件对配合物晶体结构进行解析，具体采用直接法和 F^2 全矩阵最小二乘法[2]。所有非氢原子都通过各向异性热参数精修。配合物 **18** 和 **19** 的所有晶体学数据和精修参数列于表 5.1。部分键长、键角参数列于表 5.2。

表5.1　配合物18、19的晶体学数据及精修参数

晶体学数据和精修参数	18	19
实验分子式	$C_{64}H_{42}Dy_2F_{12}N_8O_{10}$	$C_{56}H_{34}Dy_2F_{12}N_8O_{10}S_4$
分子量	1636.06	1660.19
晶系	三斜晶系	三方晶系
空间群	$P\text{-}1$	$P3_1$

晶体学数据和精修参数	18	19
a /Å	13.5287(6)	13.6044(4)
b /Å	13.9447(6)	13.6044(4)
c /Å	18.7450(8)	28.6443(8)
α / (°)	93.001(4)	90
β / (°)	100.392(4)	90
γ / (°)	116.780(4)	120
V/Å^3	3069.1(3)	4591.2(3)
Z	2	3
计算密度 D_c/ (g/cm^3)	1.770	1.801
吸收系数 μ/mm^{-1}	2.519	15.077
$F(000)$	1604.0	2430.0
R(int)	0.0639	0.0457
Θ 范围 / (°)	2.234～50.02	7.504～131.858
收集到的衍射点 / 独立	14960	9825
修正参数	867	844
最终 R 指数 [I>2$\sigma(I)$]	R_1 = 0.1329, wR_2 =0.3205	R_1=0.0417, wR_2=0.1022
R 指数 (所有数据)	R_1 = 0.1585, wR_2 = 0.3479	R_1=0.0453, wR_2=0.1058
温度 /K	100(2)	150.00(10)

表 5.2 配合物 18、19 主要的键长、键角表

化学键	键长/Å	化学键	键角 / (°)	化学键	键角 / (°)
18					
Dy(1)—O(3)	2.34(2)	O(3)—Dy(1)—O(4)	70.6(7)	N(2)—Dy(1)—N(6)	147.7(8)
Dy(1)—O(1)	2.37(2)	O(3)—Dy(1)—O(1)	147.7(7)	O(3)—Dy(1)—N(1)	116.7(8)
Dy(1)—O(4)	2.34(2)	O(4)—Dy(1)—O(1)	95.4(7)	O(4)—Dy(1)—N(1)	62.1(8)
Dy(1)—O(5)	2.376(19)	O(3)—Dy(1)—O(5)	84.9(7)	O(1)—Dy(1)—N(1)	78.0(8)
Dy(1)—O(2)	2.38(2)	O(4)—Dy(1)—O(5)	136.1(7)	O(5)—Dy(1)—N(1)	157.7(8)
Dy(1)—O(6)	2.45(2)	O(1)—Dy(1)—O(5)	86.3(7)	O(2)—Dy(1)—N(1)	68.0(8)
Dy(1)—N(2)	2.52(3)	O(3)—Dy(1)—O(2)	139.8(7)	O(6)—Dy(1)—N(1)	118.2(7)
Dy(1)—N(6)	2.67(2)	O(4)—Dy(1)—O(2)	130.0(7)	O(5)—Dy(1)—O(6)	61.8(6)
Dy(1)—N(1)	2.69(3)	O(1)—Dy(1)—O(2)	71.5(7)	O(2)—Dy(1)—O(6)	73.6(7)
Dy(2)—O(6)	2.32(2)	O(5)—Dy(1)—O(2)	92.1(7)	O(6)—Dy(2)—O(10)	87.4(7)
Dy(2)—O(10)	2.35(2)	O(3)—Dy(1)—O(6)	69.8(7)		
Dy(2)—O(7)	2.350(19)	O(4)—Dy(1)—O(6)	133.5(7)		
Dy(2)—O(8)	2.36(2)	O(1)—Dy(1)—O(6)	131.0(7)		
Dy(2)—O(9)	2.38(2)	O(3)—Dy(1)—N(6)	68.13(15)		
Dy(2)—O(5)	2.403(19)	O(4)—Dy(1)—N(6)	71.86(16)		

化学键	键长/Å	化学键	键角/(°)	化学键	键角/(°)
		18			
Dy(2)—N(5)	2.49(3)	O(1)—Dy(1)—N(6)	74.1(7)		
N(5)—C(30)	1.28(4)	O(5)—Dy(1)—N(6)	65.4(7)		
N(4)—C(44)	1.34(4)	O(2)—Dy(1)—N(6)	139.7(7)		
C(1)—C(39)	1.40(6)	O(6)—Dy(1)—N(6)	117.1(7)		
		19			
Dy(1)—O(2)	2.350(6)	O(2)—Dy(1)—O(4)	132.6(2)	O(10)—Dy(2)—N(5)	78.7(3)
Dy(1)—O(4)	2.367(7)	O(1)—Dy(1)—O(2)	72.4(3)	O(7)—Dy(2)—O(10)	143.4(2)
Dy(1)—O(6)	2.412(6)	O(4—Dy(1)—O(6)	119.5(6)	O(7)—Dy(2)—O(5)	75.1(2)
Dy(1)—O(1)	2.330(6)	O(3)—Dy(1)—O(4)	70.3(2)	O(7)—Dy(2)—N(4)	66.8(3)
Dy(1)—O(3)	2.364(7)	N(2)—Dy(1)—N(1)	62.0(3)	O(8)—Dy(2)—O(4)	142.7(3)
Dy(1)—O(5)	2.359(6)	O(2)—Dy(1)—N(2)	72.4(3)	O(8)—Dy(2)—O(5)	84.5(3)
Dy(1)—N(2)	2.501(9)	O(1)—Dy(1)—N(2)	132.6(3)	O(7)—Dy(2)—O(6)	88.9(3)
Dy(1)—N(6)	2.600(8)	O(4)—Dy(1)—N(2)	116.0(8)	O(7)—Dy(2)—N(5)	132.7(3)
Dy(2)—O(10)	2.392(7)	O(3)—Dy(1)—N(2)	75.4(3)	O(7)—Dy(2)—N(5)	74.7(3)
Dy(2)—O(8)	2.319(7)	C(5)—O(2)—Dy(1)	136.5(6)	O(8)—Dy(2)—O(7)	72.3(3)
Dy(2)—O(5)	2.434(6)	O(9)—Dy(2)—O(8)	92.5(3)	O(8)—Dy(2)—O(5)	134.5(3)
Dy(1)—N(1)	2.650(10)	O(9)—Dy(2)—O(5)	133.0(2)	O(8)—Dy(2)—N(3)	67.1(3)
Dy(2)—O(9)	2.302(7)	O(9)—Dy(2)—N(4)	64.3(3)	O(8)—Dy(2)—N(3)	134.9(3)
Dy(2)—O(7)	2.338(7)	O(10)—Dy(2)—O(5)	70.1(2)	O(6)—Dy(2)—O(5)	63.8(2)
Dy(2)—O(6)	2.353(6)	O(10)—Dy(2)—N(4)	120.5(2)	O(8)—Dy(2)—N(4)	153.0(2)
Dy(2)—N(3)	2.588(9)	O(9)—Dy(2)—O(6)	137.2(2)	O(5)—Dy(2)—N(4)	119.0(2)
Dy(2)—N(4)	2.686(9)	O(9)—Dy(2)—N(3)	75.1(3)	O(8)—Dy(2)—N(4)	77.3(3)
Dy(2)—N(5)	2.505(8)	O(9)—Dy(2)—N(5)	86.3(3)	O(6)—Dy(2)—O(10)	86.0(2)
S(1)—C(1)	1.652(9)	O(10)—Dy(2)—N(3)	76.3(3)	O(6)—Dy(2)—N(3)	64.5(2)

5.3.2 晶体结构描述

X 射线单晶衍射分析表明配合物 **18**、**19** 的晶系分别属于三斜晶系和三方晶系，空间群分别属于 *P*-1 和 *P*3₁，且两例配合物都为结构非常相似的双核单元（表 5.1）。**18**、**19** 的结构图如图 5.2（a）和（d）所示，每个配合物的两个 L 配体都以 μ₂: η¹: η¹: η²:η¹ 配位模式与两个镝中心配位，形成了几乎反平行的"头-尾"模式。其中，N1、N2 和 O6 三齿单元连接一个中心金属离子，O6 和 N3 双齿单元连接另一个中心金属离

子。配合物 **18** 的 Dy—O 键和 Dy—N 键键长范围分别为 2.32(2)～2.45(2)
Å 和 2.49(3)～2.69(3) Å，配合物 **19** 的 Dy—O 键和 Dy—N 键键长范围
分别为 2.302(7)～2.434(6)Å 和 2.501(9)～2.686(9)Å。配体 L 的羰基氧
原子（O5 和 O6）以共轭脱质子烯醇（O⁻）形式桥连两个金属中心，形
成 Dy_2O_2 四元环结构。**18**、**19** 中四元环夹角 Dy1—O—Dy2 分别为
116.68°和 115.21°，与之对应的是 **18** 的 Dy—Dy 键长（4.068Å）也略大
于 **19**（4.049Å）。**18** 和 **19** 每个镝中心剩余四个配位点分别被来自于两个
btfa 分子和两个 TTA 分子的 4 个氧原子所占据，各自形成相同的 N_3O_6 九
配位模式。**18**、**19** 的分子堆积图见图 5.3。仔细比较配合物 **18** 和 **19** 的结
构可发现唯一的不同之处在于 β- 二酮配体的末端基团结构，即末端基团
由苯环变为噻吩环，二者都为吸电子基团，但吸电子能力不同。如此微小
但又关键的改变使得配合物分子的刚性发生了变化，且使得相连金属中心
的 O 原子上的电荷密度不同。

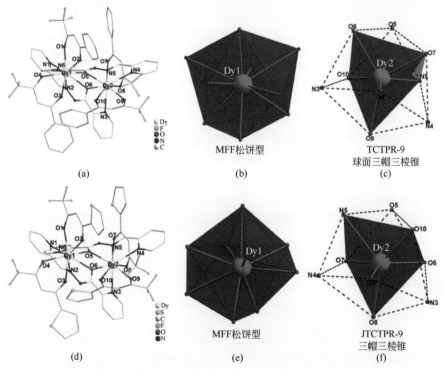

图5.2 配合物**18**（a）、**19**（d）中Dy³⁺配位环境图及配合物**18**（b）、**19**（e）
中Dy(1)和配合物**18**（c）、**19**（f）中Dy(2)配位几何构型图

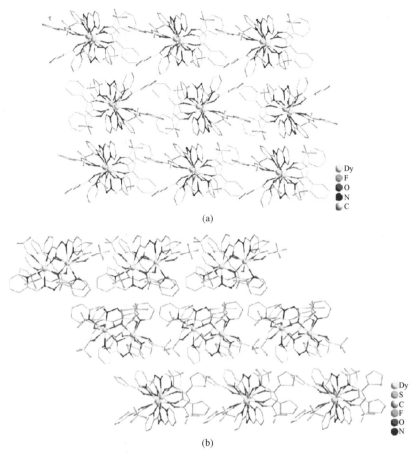

图5.3 配合物 **18** （a）、**19** （b）分子堆积图

表5.3 利用SHAPE 2.1计算得到的配合物 18、19 Dy³⁺ 几何构型结果

构型	ABOXIY			
	18 (Dy1)	**18 (Dy2)**	**19 (Dy1)**	**19 (Dy2)**
七角双锥体 (D_{7h})	17.476	17.078	17.202	17.158
正三角台塔 J3 (C_{3v})	15.405	15.063	15.802	14.946
单帽立方体 J8 (C_{4v})	8.539	8.289	8.468	8.890
球面单帽立方体 (C_{4v})	7.714	7.363	7.341	7.808
正四角锥反棱柱 J10 (C_{4v})	3.025	2.850	2.749	2.917
球面顶方型反棱柱 (C_{4v})	2.365	2.233	2.205	2.261

构型	ABOXIY			
	18 (Dy1)	18 (Dy2)	19 (Dy1)	19 (Dy2)
三帽三棱锥 J51 (D_{3h})	2.412	2.163	2.466	2.222
球面三帽三棱锥 (D_{3h})	2.579	1.928	2.291	2.303
正二十面体欠双侧锥 J63 (C_{3v})	10.463	11.587	11.095	10.412
呼啦圈型 (C_{2v})	7.512	8.177	7.410	7.901
松饼型 (C_s)	2.268	2.120	1.779	2.235

注：ABOXIY 表示构型偏差值。

鉴于上述事实，两个配合物的四个 Dy^{3+} 周围电荷分布情况略有差异，其精确配位几何构型可能也会产生差异。通过 SHAPE 软件[3] 对配合物 **18** 和 **19** 中各个 DyN_3O_6 单元的配位几何构型进行计算，结果见表 5.3，两个配合物中 Dy1 几何构型都为松饼（Muffin）型（MFF-9）[图 5.3（b）和（e）]，Dy2 几何构型分别为球面三帽三棱锥（TCTPR-9）和三帽三棱锥（JTCTPR-9）[图 5.3（c）和（f）]。Alvarez 等[4] 提出不论是球面三帽三棱锥还是一般的三帽三棱锥构型都属于 Johnson 版本的多面体，都具有虚拟的 D_{3h} 点群对称性，且从多面体中心到各个帽式顶点的距离是相同的。事实证明 **18**（Dy2）和 **19**（Dy2）的几何构型确实如此 [图 5.3（c）和（f）]，从中心离子到 L 配体的三个赤道帽式原子 O5、N3 和 N4 间的距离在 **18** 中分别为 2.403(19)Å、2.630(3)Å 和 2.660(3)Å，在 **19** 中分别为 2.434(6)Å、2.588(9)Å 和 2.686(9)Å。轴方向的两个棱锥三角面顶点原子（O6/O7/O8 和 O9/O10/N5）大多属于 β- 二酮配体，且这些原子到 Dy2 中心间的平均键长（**18** 中为 2.375Å，**19** 中为 2.378Å）都比到赤道面帽式原子的键长要短得多。这样使得 Dy2 中心到 β- 二酮配体的阴离子给体原子的距离比到赤道面 L 配体配位原子的距离要短得多，进而主宰电子结构的变化。更具体地说，β- 二酮配体配位原子对中心金属离子电子结构的影响更大。Dy^{3+} 上下拥有一个相对较强的轴向晶体场使得 Dy^{3+} 电子基态扁圆形电荷密度分布更加扁圆化，轴向 $m_J = \pm 15/2$ Kramers 二重态更稳定[5]，进而产生一个大的各向异性能垒。尽管两例双核镝配合物的晶体结构非常相似，各个中心 Dy^{3+} 微小的配位几何构型的差异仍可能导致明显不同的磁行为。

5.3.3 X射线粉末衍射分析

为了保证后续磁性研究的可靠性，对所制备的多晶样品进行了粉末 X
射线衍射（PXRD）研究（图 5.4）。结果表明，粉末衍射实验曲线与单晶
衍射数据的理论模拟曲线基本吻合，确认样品为单一纯相。

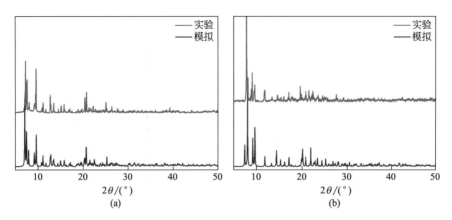

图5.4　配合物 **18**（a）、**19**（b）X射线粉末衍射图

5.4　磁性表征与分析

磁场为 1000Oe，温度在 2～300K 范围内，测试了配合物 **18**、**19** 的
变温磁化率，结果如图 5.5 所示。室温下，配合物 **18**、**19** 的 $\chi_M T$ 值分
别为 28.4(cm³·K)/mol 和 28.5(cm³·K)/mol，都接近于两个无相互作用
的镝离子 28.34(cm³·K)/mol 的结果 [$^6H_{15/2}$，S=5/2，L=5，g = 4/3，C =
14.17(cm³·K)/mol]。起初，从 300K 到 50K 配合物 **18**、**19** 的 $\chi_M T$ 值都
呈微小下降的趋势，低于 50K 后，两例配合物磁化率曲线随温度的降
低呈现出完全不同的趋势。配合物 **18** 的 $\chi_M T$ 值逐渐减小并在约 25K 时
达到最小值 24.3(cm³·K)/mol，后又明显增大直到约 2K 时达到最大值
33.2(cm³·K)/mol。该行为可能是由激发态单个镝离子热灭绝的竞争所致，
揭示了配合物 **18** 中存在分子内铁磁相互作用 [6-12]。相比而言，配合物 **19**

的 $\chi_{\mathrm{M}}T$ 值一直缓慢减小直到低于 20K 后才明显减小，并在约 2K 时达到最小值 16.5(cm³·K)/mol。配合物 **19** 的 $\chi_{\mathrm{M}}T$ 值在低温区迅速减小的原因可能是自身分子内反铁磁耦合作用、低洼的晶体场态的热灭绝、磁各向异性的热效应中的一个或多个组合[13]。

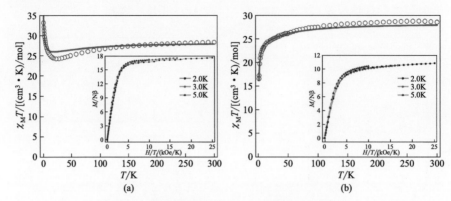

图5.5　配合物**18**（a）、**19**（b）变温磁化率曲线图
插图：不同温度下**18**、**19**的磁化强度图

　　在 2K 和 50kOe 条件下测得配合物 **18**、**19** 的 *M-H* 曲线，如图 5.6 所示。低场下两例配合物的磁化强度值迅速增大，暗示激发态 Kramers 二重态（KDs）大的分裂[6]。随后，其在高场区缓慢增加并达到配合物 **18** 和 **19** 的最大值 4.82Nβ 和 6.07Nβ。高场磁化强度的线性变化说明 Dy³⁺ 大的磁各向异性的出现。加之，图 5.5 中插图显示两种配合物的 *M -H/T* 曲线都未重叠，说明单离子各向异性占主导过程或者其具有低洼的激发态[14]。

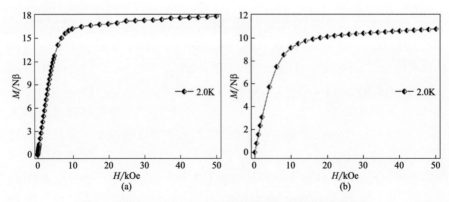

图5.6　配合物**18**（a）、**19**（b）磁化强度随磁场强度变化的曲线

在 3.5 Oe 交流场下，1～1000Hz 频率范围内对配合物 **18**、**19** 进行交流磁化率的测试。当 H_{dc} = 0Oe 时，两种配合物都显示出了温度依赖的虚部（χ''）信号，说明二者都发生了慢磁弛豫。但是配合物 **19** 并无峰值出现（图 5.7），且伴随着温度的降低其 χ' 和 χ'' 曲线都逐渐上升，该现象在已报道的镧系单离子磁体中非常常见[15-21]，这意味着纯 QTM 效应的开始。低温下配合物 **19** 的 χ' 和 χ'' 曲线表现出弱的温度依赖，意味着存在温度依赖的热活化奥巴赫过程与非温度依赖的量子隧穿过程的交叉。配合物 **18** 的 χ' 和 χ'' 磁化率曲线都出现了温度依赖的最大值，意味着各向异性能垒的"冻结"，但是随频率增加向高温区移动得较好的峰型只能在高频区观察到（图 5.8）。随温度逐步降低，其 χ' 和 χ'' 在低于 5K 时出现上升趋势，表明零场下阻塞不完全且热活化自旋翻转逐渐被量子隧穿过程所代替。图 5.9 为配合物 **18** 频率依赖的交流磁化率曲线，根据图中峰值数据可以得到其在 2～8K 温度范围内的弛豫时间（τ）。当温度超过 5K 时，弛豫过程遵循热活化机理，故可通过阿伦尼乌斯公式 $\tau = \tau_0 \exp[\Delta E/(k_B T)]$ 拟合得到能垒为 28.6K，指前因子（τ_0）为 3.24×10^{-6}s，该值在所期待的 SMMs 的 $\tau_0 = 10^{-11} \sim 10^{-6}$ 范围内（图 5.10）[22]。图 5.11 显示了通过 Debye 模型拟合得到的配合物 **18** 的 Cole-Cole 曲线，2K 以上几乎可以观察到对称的半圆形，其 α 值在 0.010～0.149 范围内（表 5.4），意味着一个相对较窄的弛豫时间的分布。随温度降低 α 值逐渐增大可能是快速 QTM 效应和热诱导的弛豫路径共同导致的[23]。

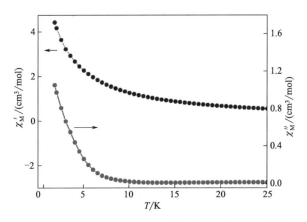

图5.7　零场下配合物**19**温度依赖的交流磁化率χ'和χ''曲线

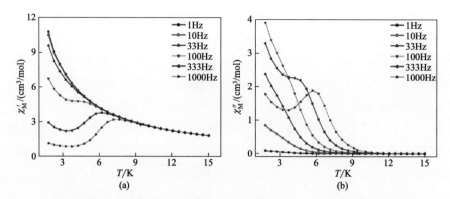

图5.8　零场下配合物**18**温度依赖的交流磁化率实部χ′（a）和虚部χ″（b）曲线

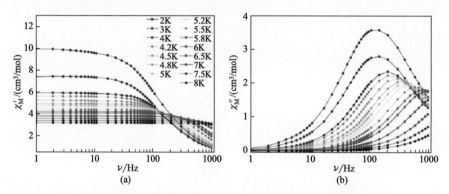

图5.9　零场下配合物**18**频率依赖的交流磁化率实部χ′（a）和虚部χ″（b）曲线

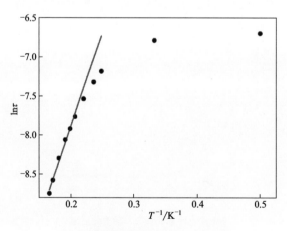

图5.10　零场下配合物**18**的$\ln\tau\text{-}T^{-1}$曲线

红色实线代表阿伦尼乌斯拟合曲线

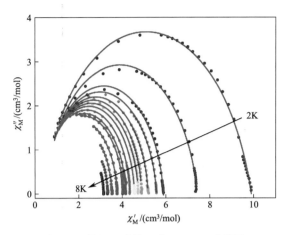

图5.11　零场下配合物**18**的Cole-Cole曲线图

实线为拟合曲线

表5.4　零场下配合物18的Cole-Cole拟合参数表

T/K	χ_T	χ_S	α
2	9.845	0.422	0.149
3	7.437	0.402	0.125
4	5.896	0.392	0.086
4.2	5.574	0.361	0.085
4.5	5.191	0.352	0.068
4.8	4.893	0.354	0.053
5	4.726	0.360	0.046
5.2	4.552	0.343	0.041
5.5	4.341	0.341	0.033
5.8	4.152	0.353	0.028
6	4.024	0.368	0.020
6.5	3.753	0.401	0.017
7	3.526	0.391	0.031
7.5	3.324	0.892	0.010
8	3.138	1.067	0.015
14.5	0.330	0.025	0.025
15	0.320	0.018	0.023
15.5	0.309	0.024	0.024
16	0.300	0.021	0.018
16.5	0.291	0.019	0.016
17	0.284	0.011	0.010
17.5	0.276	0.011	0.009
18	0.270	0.005	0.021
18.5	0.263	0.002	0.028

为了选取一个合适的直流场抑制 QTM，在不同的外加场下，测试 2.0K 和 1000Hz 条件下两例配合物的 χ'' 磁化率。在 1200Oe 时，配合物 **18** 和 **19** 有最大值出现，象征着两例配合物场诱导的磁弛豫过程和慢磁弛豫的发生。因此，1200Oe 为配合物 **18** 和 **19** 最优直流场。如图 5.12 所示，在 10Hz 以上配合物 **18** 的 χ' 和 χ'' 磁化率都出现了温度依赖的最大值，确切地证实了其慢磁弛豫过程的发生，并且说明在 1200Oe 静态场下量子隧穿得到了有效抑制。对于配合物 **19** 而言，低于 10K 的 χ'' 磁化率曲线都表现出了温度依赖，但在所测温度范围内都无峰值出现（图 5.13），表明在该实验过程中配合物的磁动力学行为发生太快。同时，分别在 2~8K 和 2~6K 温度范围内对配合物 **18** 和 **19** 进行频率依赖的交流磁化率测试（图 5.14 和图 5.15），两种配合物的 χ' 和 χ'' 都发生了频率依赖。进一步比较配合物 **18** 和 **19** 的 $\chi''(\nu)$ 曲线发现，在可视频率窗口内，两例配合物表现出明显不同。配合物 **18** 的 χ'' 最大值完全可见，并且随着温度的升高以好的峰型从低频区逐渐向高频区缓慢移动。配合物 **19** 的 χ' 和 χ'' 在高频区伴随着温度的升高都表现出了频率依赖，但 χ'' 峰值并不明显，不过仍然能够说明配合物 **19** 慢磁弛豫行为的发生。根据配合物 **18** 和 **19** 的 $\chi''(\nu)$ 曲线，用阿伦尼乌斯公式拟合得到指前因子 $\tau_0 = 6.27 \times 10^{-7}$s 和 2.38×10^{-7}s，有效能垒 $\Delta E/k_B = 35.0$K 和 25.13K（图 5.16）。

图 5.17 为配合物 **18** 和 **19** 的 Cole-Cole 曲线。配合物 **18** 在高于 2K 时呈现出几乎对称的半圆形，通过一般的 Debye 模型拟合得到 α 值范围为 0.02~0.33（表 5.5），说明其热活化弛豫过程对应于一个较宽的弛豫时间的分布。相比之下，配合物 **19** 的 Cole-Cole 曲线显示了不对称的半圆形且在 2~5.5K 拟合得到 α 值范围为 0.10~0.25（表 5.6），说明相对于配合物 **18** 其对应于一个相对较窄的弛豫时间的分布。

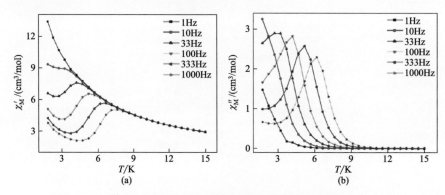

图5.12　1200 Oe 下配合物 **18** 温度依赖的交流磁化率

实部这 χ'（a）和虚部 χ''（b）曲线

二酮镝单分子磁体的制备及性能调控

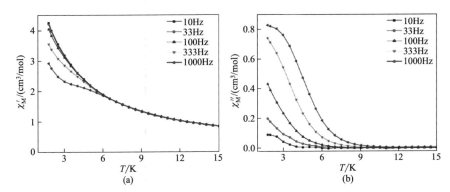

图5.13　1200Oe下配合物**19**温度依赖的交流磁化率实部χ′（a）和虚部χ″（b）曲线

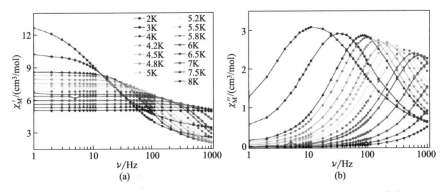

图5.14　1200Oe下配合物**18**频率依赖的交流磁化率实部χ′（a）和虚部χ″（b）曲线

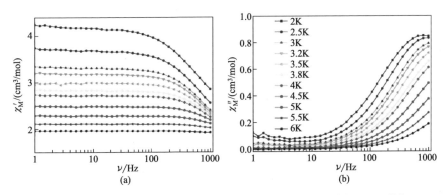

图5.15　1200Oe下配合物**19**频率依赖的交流磁化率实部χ′（a）和虚部χ″（b）曲线

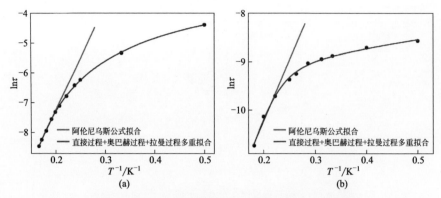

图5.16 1200Oe下配合物**18**（a）、**19**（b）的 ln τ- T^{-1} 曲线

红色实线代表阿伦尼乌斯拟合曲线，蓝色实线代表全拟合曲线

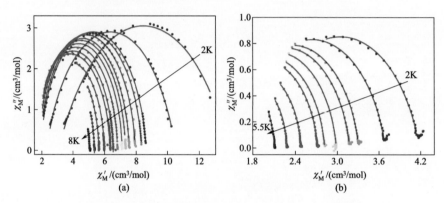

图5.17 1200Oe下配合物**18**（a）、**19**（b）的Cole-Cole曲线图

实线为拟合曲线

表5.5 **1200Oe下配合物18的Cole-Cole拟合参数表**

T/K	χ_T	χ_S	α
2	13.788	3.152	0.333
3	10.442	2.364	0.205
4	8.641	1.915	0.100
4.2	8.356	1.840	0.087
4.5	7.948	1.739	0.071
4.8	7.561	1.643	0.061
5	7.335	1.600	0.052
5.2	7.114	1.542	0.049
5.5	6.816	1.478	0.042
5.8	6.541	1.429	0.036
6	6.351	1.408	0.030

T/K	χ_T	χ_S	α
6.5	5.963	1.359	0.027
7	5.617	1.154	0.022
7.5	5.324	0.297	0.043
8	5.038	0.535	0.084

表5.6　1200Oe下配合物19的Cole-Cole拟合参数表

T/K	χ_T	χ_S	α
2	4.220	1.642	0.253
2.5	3.716	1.384	0.206
3	3.330	1.226	0.170
3.2	3.193	1.194	0.154
3.5	2.992	1.183	0.120
3.8	2.837	1.052	0.133
4	2.730	1.009	0.126
4.5	2.494	0.877	0.115
5	2.291	0.694	0.108
5.5	2.116	0.279	0.102

实验得到的配合物 **18**、**19** 的 $\ln \tau$-T^{-1} 曲线和阿伦尼乌斯拟合曲线并未完全吻合，且在低温区对温度的依赖越来越弱，说明还伴有其他弛豫过程。通常镧系单分子磁体的弛豫过程包括奥巴赫过程、不可忽视的直接过程和拉曼过程。为此，使用以下包括三种弛豫过程的式（5.1）对目标配合物的弛豫过程进行拟合[24]：

$$\tau^{-1} = AT + CT^n + \tau_0^{-1} \exp[-U_{\text{eff}} / (kT)] \tag{5.1}$$

式（5.1）从左到右依次代表的是直接过程、拉曼过程及拉曼和奥巴赫协同过程。其中，第二项中，当 $n=7$ 时代表非 Kramers 离子的拉曼过程，当 $n=1\sim6$ 时，代表光学声子拉曼状过程。如图 5.17 实线曲线所示，拟合得到以下参数：**18** 中，$A=31.26\text{K}^{-1}\cdot\text{s}^{-1}$，$C=0.94\text{K}^{-4.32}\cdot\text{s}^{-1}$，$\tau_0=3.06\times10^{-8}\text{s}$，$U_{\text{eff}}/k_B=57.0\text{K}$，$n=4.32$；**19** 中 $A=26.25\text{K}^{-1}\cdot\text{s}^{-1}$，$C=6.25\text{K}^{-3.40}\cdot\text{s}^{-1}$，$\tau_0=2.66\times10^{-8}\text{s}$，$U_{\text{eff}}/k_B=38.3\text{K}$，$n=3.40$。$\tau_0$ 值在奥巴赫过程所对应的预期 τ_0 值的大小范围内，C 和 n 的值也与光学声子拉曼状过程相对应的值一致[25,26]。因此，对于配合物 **18** 和 **19** 而言，直接过程相对于奥巴赫和拉曼过程是非常小的。系数 n 均在光学声子拉曼过程对应的 $1\sim6$ 的合理范围内，并且声子和光学声子都参与并达到一个所谓的虚拟态[27-29]。总之，目标配合物的慢磁弛豫过程是奥巴赫和光学声子拉曼状过程协同作用的结果。

5.5 理论计算与分析

配合物 **18** 和 **19** 均包含两种类型的 Dy^{3+} 片段。基于 X 射线单晶衍射分析得到的单个 Dy^{3+} 片段的结构，使用 MOLCAS 8.2[30-32] 软件包中的完全活性空间自洽场（CASSCF）计算方法进行计算，计算模型结构如图 5.18 所示，相邻 Dy^{3+} 用抗磁 Lu^{3+} 代替。

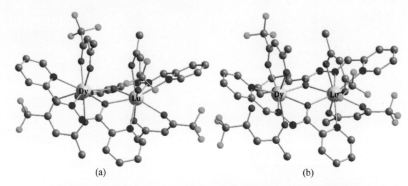

图 5.18　配合物 **18**（a）、**19**（b）计算模型结构图（H 原子被省略）

所有原子基组都是来自标准基组库 ANO-RCC 的原子自然轨道：Dy^{3+} 是 ANO-RCC-VTZP 基组；相邻 O 和 N 是 VTZ 基组；较远原子是 VDZ 基组。计算采用二阶 Douglas-Kroll-Hess 哈密顿函数，由于标量相对收缩会对基组产生影响，在受限活性空间态相互作用（RASSI-SO）中自旋轨道耦合是单独进行的。为了消除所有顾虑，保证计算的准确性，在 CASSCF 计算中，单个 Dy^{3+} 片段包括 7 个活性空间的活性电子，包括 f 电子［CAS（9 in 7）］均需考虑到。在计算机硬件所能允许的范围内，最大限度地选用所有可能的自旋自由度，即 21 个六重态全选，来自 224 个四重态中的 128 个、490 个二重态中的 130 个。基于上述的 CASSCF/RASSI 计算结果，采用 Single_Aniso 程序[33-35] 计算能级、g 张量、m_J 值及磁轴等。配合物 **18** 和 **19** 镝中心间总的磁相互作用（包括偶极和交换）的计算是按照线性模式，使用 Poly_Aniso 程序完成的。

为了探究配合物 **18**、**19** 磁性差异的原因，进一步了解慢磁弛豫机理，基于配合物 **18** 和 **19** 的 X 射线单晶衍射实验得到的中心金属离子的配位几何构型，按照上述计算方法对 **18**、**19** 的单个 Dy^{3+} 片段分别进行计算，得到 8 个最低的 Kramers 二重态（KDs）和 g 张量，如表 5.7 所示。

表5.7　配合物18和19的8个最低KDs及其相对应的能量E(cm^{-1})和g张量

KDs	18(Dy1)			18(Dy2)		
	E/cm^{-1}	g	m_J	E/cm^{-1}	g	m_J
1	0.0	0.226 0.309 19.574	$\pm15/2$	0.0	0.032 0.047 19.741	$\pm15/2$
2	61.6	1.099 1.446 16.943	$\pm5/2$	132.8	0.312 0.647 16.219	$\pm13/2$
3	104.2	1.060 2.148 13.742	$\pm13/2$	191.6	2.449 3.083 12.443	$\pm7/2$
4	144.2	4.758 6.829 9.451	$\pm11/2$	233.4	8.076 6.527 2.441	$\pm11/2$
5	192.4	0.228 2.762 13.830	$\pm7/2$	285.8	0.255 3.938 13.452	$\pm5/2$
6	233.4	0.566 3.505 12.275	$\pm9/2$	314.8	1.810 4.522 11.192	$\pm9/2$
7	294.5	0.371 2.667 13.533	$\pm3/2$	385.6	0.171 2.787 13.858	$\pm3/2$
8	324.1	0.802 2.361 16.258	$\pm1/2$	419.3	0.765 2.345 16.627	$\pm1/2$

KDs	19(Dy1)			19(Dy2)		
	E/cm^{-1}	g	m_J	E/cm^{-1}	g	m_J
1	0.0	0.072 0.097 19.713	$\pm15/2$	0.0	0.075 0.128 19.670	$\pm15/2$
2	100.0	2.579 5.648 13.066	$\pm13/2$	111.2	1.180 3.007 14.810	$\pm13/2$
3	128.3	9.661 5.214 0.216	$\pm3/2$	151.9	4.475 5.056 11.823	$\pm11/2$
4	166.0	3.052 4.868 10.702	$\pm11/2$	171.3	0.155 1.516 13.378	$\pm1/2$
5	230.9	0.281 2.031 14.719	$\pm5/2$	239.9	0.482 1.448 14.683	$\pm9/2$
6	270.1	1.375 2.549 13.205	$\pm9/2$	286.7	2.693 4.391 10.383	$\pm7/2$
7	317.1	1.783 2.565 14.876	$\pm7/2$	327.7	3.180 3.959 10.949	$\pm5/2$
8	378.2	0.415 0.606 18.192	$\pm1/2$	370.7	0.796 1.721 16.546	$\pm3/2$

计算得到的 **18**（Dy1）、**18**（Dy2）、**19**（Dy1）和 **19**（Dy2）的有效 g_z 张量分别为 19.574、19.741、19.713 和 19.670，均接近 Ising 极限值 20，说明目标配合物的单个 Dy^{3+} 片段都展现出了强的轴各向异性，同时还表明每个配合物中的两个 Dy^{3+} 片段是非等价的。一般用横截面各向异性大小来衡量量子隧穿效应的强弱。Kramers 二重态第一激发态对应的 **18**（Dy1）的 $g_{x,y}$ 为 1.099 和 1.446，**18**（Dy2）的 $g_{x,y}$ 为 0.312 和 0.647，**19**（Dy1）的 $g_{x,y}$ 为 2.579 和 5.648，**19**（Dy2）的 $g_{x,y}$ 为 1.180 和 3.007，且这些 $g_{x,y}$ 张量值在更高的激发态下也明显增大。相比之下，配合物 **19** 的横截面各向异性要大于配合物 **18**，说明 **19** 的量子隧穿过程也更明显，该结论与之前实验结果一致。大体上，两例配合物热活化的奥巴赫弛豫过程的有效能垒对应于其基态和第一激发态间的能隙值。因此，应用 CASSCF/RASSI 方法计算配合物 **18** 和 **19** 的能级是合适的。**18**、**19** 中单个 Dy^{3+} 片段 **18**（Dy1）、**18**（Dy2）、**19**（Dy1）和 **19**（Dy2）的基态和激发态 KD 间能隙分别为 85K（61.6cm^{-1}）、183.5K（132.8cm^{-1}）、138K（100.0cm^{-1}）和 154K（111.2cm^{-1}）。由此可见，该结果要比配合物 **18** 和 **19** 的实验有效能垒 35K 和 25.13K 高得多，造成偏离的原因可能是其他相关弛豫过程的存在。如上文所述进一步用三种弛豫过程 $\{\tau^{-1}=AT + CT^n + \tau_0^{-1}\exp[-U_{eff}/(kT)]\}$ 对配合物 $\ln\tau$ 对 T^{-1} 曲线进行拟合，拟合的结果与实验结果吻合得很好，说明直接过程和拉曼过程的存在。尽管双核配合物的磁各向异性通常都来源于单个 Dy^{3+} 片段的磁各向异性，但是 Dy-Dy 相互作用通常也是单分子磁体弛豫过程的重要影响因素。

本章仅考虑配合物 **18** 和 **19** 中磁耦合作用 J。通过交换相互作用的自旋哈密顿量 $\hat{H}_{exch} =-\tilde{J}\,\hat{\tilde{S}}_{Dy1}\,\hat{\tilde{S}}_{Dy2}$ 对目标配合物的磁性数据进行计算，式中，$\tilde{J}$ 代表单分子磁体磁性中心之间总的磁相互作用（$\tilde{J} = \tilde{J}_{dip} + \tilde{J}_{exch}$）；$\tilde{S}_{Dy} =\pm 1/2$ 代表 Dy^{3+} 片段的基态赝自旋。偶极磁耦合相互作用 J_{dip}，可基于磁各向异性轴的方向和 g 张量的计算准确得到。**18** 和 **19** 的 J_{dip} 分别为 -2.55cm^{-1} 和 -2.54cm^{-1}，都为反铁磁相互作用。交换磁耦合相互作用 J_{exch}（表 5.8）则需要通过两步计算得到：首先，用 CASSCF 方法计算配合物中每个 Dy^{3+} 片段的相关磁性参数。**18**、**19** 计算和实验 $\chi_M T$ -T 曲线如图 5.6 所示，从图中可知，**18** 的拟合曲线与实验曲线稍有偏差 [36]，**19** 吻合很好，证明了计算结果的准确性。其次，将配合物磁性中心间的耦合相互作用视为线性模式，再用 Poly_Aniso 程序通过比较实验和计算的磁化率数据进行拟合 [36]。这里的线性模式已被成功地用于计算单分子磁体

f 壳层元素[37,38]。拟合得到 **18** 和 **19** 的 J_{exch} 明显不同，分别为 5.00cm^{-1} 和 0.25cm^{-1}。从数据上可看出，桥连镧系配合物中 **18** 的两个羧基氧桥所传递的交换耦合相互作用是非常强的。尽管 **18** 的 J_{dip} 为反铁磁作用，但大的 J_{exch} 最终导致 J 为铁磁耦合。配合物 **19** 的 J_{exch} 接近于零，几乎可以忽略，因此 J_{dip} 成为配合物总体为反铁磁相互作用的决定性因素。其大的偶极相互作用还导致了快速量子隧穿效应，进一步阻碍了奥巴赫弛豫过程，并使得配合物能垒相应降低[39-43]。同时也解释了配合物 **19** 零场下所表现出的明显的 QTM。总之，从 **18** 和 **19** 总耦合常数 J 的符号上就可看出其 Dy-Dy 相互作用分别为铁磁和反铁磁。

表5.8　配合物 18 和 19 中 Dy^{3+} 间 J_{exch}、J_{dip} 和 J 计算结果　　　单位：cm^{-1}

磁耦合参数	18	19
J_{dip}	−2.55	−2.54
J_{exch}	5.00	0.25
J	2.45	−2.29

　　为深入理解 **18** 和 **19** 交换磁耦合相互作用 J_{exch}，计算了它们镝中心的易轴各向异性的方向。如图 5.19 所示，**18** 和 **19** 的磁轴分别呈平行同向和平行反向，再次说明其 Dy-Dy 耦合相互作用为铁磁和反铁磁。配合物 **18** 和 **19** 中两个 Dy^{3+} 间磁轴的夹角分别为 27.4° 和 149.5°。相对大的 θ 角意味着 **18** 和 **19** 中 Dy^{3+} 间相互作用诱导的偶极场的横截面部分很大，尤其在 **19** 中格外大，最终导致偶极场对单个 Dy^{3+} 的隧穿能隙造成非常大的影响。上述分析结果合理地解释了 **18** 和 **19** 都表现出单分子磁体行为但能垒普遍不高的现象，同时还解释了 **19** 的单分子磁体行为较 **18** 更弱且能垒也较低的现象。另一个值得关注并深思的问题是：具有相同 Muffin 几何构型的 **18**（Dy1）和 **19**（Dy1）的磁各向异性轴指向相同方向，几何构型不同的 **18**（Dy2）和 **19**（Dy2）的磁各向异性轴指向相反方向。

　　由此看来，配合物 **18** 和 **19** 的磁各向异性轴的方向似乎和 5.3 节结构部分 **18**（Dy2）和 **19**（Dy2）的几何构型的微弱变化有关。**18** 和 **19** 的 Dy2 中心都拥有虚拟的 D_{3h} 点群对称性，使得其周围电荷分布在配位场中起决定性作用，即两个配合物的 β- 二酮配体上的配位阴离子比赤道面 L 配体上的配位原子更接近 Dy2 中心，因此 β- 二酮配体上的配位阴离子所带电荷起关键作用。两例配合物的磁轴都平行于末端 β- 二酮辅助配体的 Dy—O 键，而两例配合物唯一的不同在于端基基团。**19** 中 TTA 二酮上的噻吩环的给电子能力要强于 **18** 中 btfa 二酮上的苯环，最终导致 **19** 中平均 Dy—O

键键长 2.338 Å 短于配合物 **18** 中的 2.360 Å（文献报道常见 Dy—O 键长为 2.349(3)～2.384(3) Å）。相应的，**19** 中心 {Dy$_2$O$_2$} 四元环的 Dy1—O—Dy2 夹角和 Dy⋯Dy 距离（115.21°，4.049Å）均小于 **18**（116.68°，4.068 Å），但是分子内 Dy⋯Dy 距离的微小不同还不足以改变它们中心离子间的偶极-偶极相互作用。由此可知，尽管配合物 **18** 和 **19** 结构非常相似，但由于它们偶极相互作用和交换相互作用对结构变化的敏感程度不同，最终导致它们的磁行为表现出了很大的差异。结构的微小变化不仅极大地改变了两例配合物的磁交换耦合作用，还影响了两例配合物的总磁相互作用。以上事实证明在镧系双核配合物中，微小的结构变化能够调节配合物总的磁相互作用。

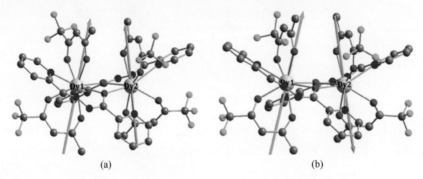

(a)   (b)

图5.19　配合物 **18**（a）、**19**（b）的磁各向异性轴方向

本章还探究了 **18** 和 **19** 单个金属中心从基态二重态的最大磁化态到时间翻转态的有效弛豫路径，试图进一步对其弛豫机理进行研究（图 5.20）[44,45]。根据磁矩的计数对 Kramers 二重态进行排列，如图 5.20 黑色实线所示，黑色实线旁边数字为沿磁轴方向的磁矩，箭头及箭头上的数字代表相关态的过渡磁矩（μ_B）的矩阵元的平均绝对值。两种配合物的基态 Kramers 二重态的横向磁矩大小合适［如图 5.20 中绿色箭头所示，**18**（Dy1）为 $0.089\mu_B$，**18**（Dy2）为 $0.013\mu_B$，**19**（Dy1）为 $0.028\mu_B$，**19**（Dy2）为 $0.033\mu_B$］，说明对角量子隧穿足以发生。非水平箭头代表自旋声子转化路径。蓝色箭头代表横向磁矩非对角项［**18**（Dy1）为 $0.72\mu_B$，**18**（Dy2）为 $0.053\mu_B$，**19**（Dy1）为 $0.19\mu_B$，**19**（Dy2）为 $0.18\mu_B$］，对应于基态和第一激发态间奥巴赫过程的反磁化。**18**（Dy1）的基态到第一激发态间的对角和非对角能隙是最小的，因为其为纯基态，而 **18**（Dy2）最大则代表相对于 **18**（Dy1）、**19**（Dy1）和 **19**（Dy2）片段其具有较快的 QTM，该结果与交流磁化率数据一致。根据最近 Chibotaru 等 [44] 提出的理论：具有最大磁矩转化的最近弛豫路径决定阻塞能垒，红色箭头代表的是配合物 **18** 和 **19** 最有

可能的磁弛豫过程的路径。由此可以认为两例镝基配合物的磁行为是典型的 Ln(Ⅲ) 单分子磁体行为。

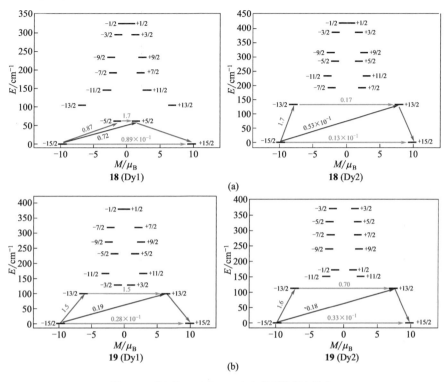

图 5.20　配合物 **18**（a）、**19**（b）的磁化阻塞能垒

　　本章表明，基于混合配体策略，将一种多齿希夫碱化合物分别与两个不同的 β- 二酮配体结合，能够获得结构相似的双核稀土镝配合物。结构分析表明，β- 二酮配体仍然采用双齿螯合模式与金属中心配位，而多齿希夫碱配体的羧基氧原子桥连了每个配合物中的两个非等价镝离子，形成了二聚双核单元。尽管两例配合物都是双核结构，但二者 β- 二酮配体上末端基团的吸电子能力和分子刚性并不相同，这种结构的微调效应不仅使得配位中心的几何构型不同，更重要的是导致两个配合物金属离子间的磁相互作用截然不同。磁性和理论研究结果发现，配体末端结构的变化使得双核配合物的镝中心主磁轴方向不同，进而导致两例配合物金属离子间分别呈现了铁磁相互作用和反铁磁相互作用。可见，多齿配位原子的辅助配体有助于构筑多核 β- 二酮镝配合物，合理的构建单离子磁各向异性与离子间铁磁耦合作用的协同效应同样是获得高性能单分子磁体的良好策略，为探究多核稀土单分子磁体磁构关系提供了重要参考。

参考文献

[1] Sheldrick G M. Program for empirical absorption correction of area detector data[J]. Sadabs, 1996.

[2] Sheldrick G M. SHELXS-2014 and SHELXL-2014, program for crystal structure determination[D]. University of Göttingen: Göttingen, Germany, 2014.

[3] Das C, Upadhyay A, Vaidya S, et al. Origin of SMM behaviour in an asymmetric Er (III) Schiff base complex: a combined experimental and theoretical study[J]. Chemical Communications, 2015, 51(28): 6137-6140.

[4] Ruiz-Martínez A, Casanova D, Alvarez S. Polyhedral structures with an odd number of vertices: nine-coordinate metal compounds[J]. Chemistry-A European Journal, 2008, 14(4): 1291-1303.

[5] Chilton N F, Collison D, McInnes E J L, et al. An electrostatic model for the determination of magnetic anisotropy in dysprosium complexes[J]. Nature Communications, 2013, 4: 2551.

[6] Katoh K, Aizawa Y, Morita T, et al. Elucidation of dual magnetic relaxation processes in dinuclear dysprosium(III) phthalocyaninato triple-decker single-molecule magnets depending on the octacoordination geometry[J]. Chemistry-A European Journal, 2017, 23(61): 15377-15386.

[7] Gao F, Feng X, Yang L, et al. New sandwich-type lanthanide complexes based on closed-macrocyclic Schiff base and phthalocyanine molecules[J]. Dalton Transactions, 2016, 45(17): 7476-7482.

[8] Qin Y, Zhang H, Sun H, et al. Two series of homodinuclear lanthanide complexes: greatly enhancing energy barriers through tuning terminal solvent ligands in Dy2 single-molecule magnets[J]. Chemistry-An Asian Journal, 2017, 12(21): 2834-2844.

[9] Yang F, Yan P, Li Q, et al. Salen-type triple-decker trinuclear Dy_3 complexes showing slow magnetic relaxation behavior[J]. European Journal of Inorganic Chemistry, 2012, 2012(27): 4287-4293.

[10] Lin S Y, Wang C, Zhao L, et al. Enantioselective self-assembly of triangular Dy3 clusters with single-molecule magnet behavior[J]. Chemistry-An Asian Journal, 2014, 9(12): 3558-3564.

[11] Zhang L, Jung J, Zhang P, et al. Site-resolved two-step relaxation process in an asymmetric Dy2 single-molecule magnet[J]. Chemistry-A European Journal, 2016, 22(4): 1392-1398.

[12] Huang W, Le Roy J J, Khan S I, et al. Tetraanionic biphenyl lanthanide complexes as single-molecule magnets[J]. Inorganic Chemistry, 2015, 54(5): 2374-2382.

[13] Xiong J, Ding H Y, Meng Y S, et al. Hydroxide-bridged five-coordinate Dy^{III} single-molecule magnet exhibiting the record thermal relaxation barrier of magnetization among lanthanide-only dimers[J]. Chemical Science, 2017, 8(2): 1288-1294.

[14] Abbas G, Lan Y, Kostakis G E, et al. Series of isostructural planar lanthanide complexes $[Ln^{III}_4 (\mu_3\text{-}OH)_2 (mdeaH)_2 (piv)_8]$ with single molecule magnet behavior for the Dy4 analogue[J]. Inorganic Chemistry, 2010, 49(17): 8067-8072.

[15] Ishikawa N, Sugita M, Ishikawa T, et al. Mononuclear lanthanide complexes with a long

magnetization relaxation time at high temperatures: a new category of magnets at the single-molecular level[J]. The Journal of Physical Chemistry B, 2004, 108(31): 11265-11271.

[16]   Dong Y, Yan P, Zou X, et al. Azacyclo-auxiliary ligand-tuned SMMs of dibenzoylmethane Dy(III) complexes[J]. Inorganic Chemistry Frontiers, 2015, 2(9): 827-836.

[17]   Dong Y, Yan P, Zou X, et al. Exploiting single-molecule magnets of β-diketone dysprosium complexes with C_{3v} symmetry: suppression of quantum tunneling of magnetization[J]. Journal of Materials Chemistry C, 2015, 3(17): 4407-4415.

[18]   Zhang S, Ke H, Sun L, et al. Magnetization dynamics changes of dysprosium (III) single-ion magnets associated with guest molecules[J]. Inorganic Chemistry, 2016, 55(8): 3865-3871.

[19]   Huang X C, Zhang M, Wu D, et al. Single molecule magnet behavior observed in a 1-D dysprosium chain with quasi-D_{5h} symmetry[J]. Dalton Transactions, 2015, 44(48): 20834-20838.

[20]   Tong Y Z, Gao C, Wang Q L, et al. Two mononuclear single molecule magnets derived from dysprosium(III) and tmphen (tmphen= 3, 4, 7, 8-tetramethyl-1, 10-phenanthroline)[J]. Dalton Transactions, 2015, 44(19): 9020-9026.

[21]   Cen P P, Zhang S, Liu X Y, et al. Electrostatic potential determined magnetic dynamics observed in two mononuclear β-diketone dysprosium(III) single-molecule magnets[J]. Inorganic Chemistry, 2017, 56(6): 3644-3656.

[22]   Gatteschi D, Sessoli R, Villain J. Molecular nanomagnets[M]. Oxford: Oxford University Press on Demand, 2006.

[23]   Gonidec M, Luis F A V, Esquena J, et al. A liquid-crystalline single-molecule magnetic properties[J]. Angew. Chem., Int. Ed, 2010, 49: 1623-1626.

[24]   Carlin R L, van Duyneveldt A J. Magnetic properties of transition metal compounds[M]. New York: Springer-Verlag, 1977.

[25]   Rinehart J D, Long J R. Exploiting single-ion anisotropy in the design of f-element single-molecule magnets[J]. Chemical Science, 2011, 2(11): 2078-2085.

[26]   Liu J L, Yuan K, Leng J D, et al. A six-coordinate ytterbium complex exhibiting easy-plane anisotropy and field-induced single-ion magnet behavior[J]. Inorganic Chemistry, 2012, 51(15): 8538-8544.

[27]   Abragam A and Bleaney B. Electron paramagnetic resonance of transition ions[M]. Oxford: Clarendon Press, 1970.

[28]   Shrivastava K N. Theory of spin-lattice relaxation[J]. Physica Status Solidi （B）, 1983, 117(2): 437-458.

[29]   Shao D, Zhang S L, Shi L, et al. Probing the effect of axial ligands on easy-plane anisotropy of pentagonal-bipyramidal cobalt(II) single-ion magnets[J]. Inorganic Chemistry, 2016, 55(21): 10859-10869.

[30]   Aquilante F, de Vico L, Ferré N, et al. MOLCAS 7: the next generation[J]. Journal of Computational Chemistry, 2010, 31(1): 224-247.

[31]   Veryazov V, Widmark P O, Serrano-Andrés L, et al. 2MOLCAS as a development platform for quantum chemistry software[J]. International Journal of Quantum Chemistry, 2004, 100(4): 626-635.

[32]   Karlström G, Lindh R, Malmqvist P Å, et al. MOLCAS: a program package for

computational chemistry[J]. Computational Materials Science, 2003, 28(2): 222-239.

[33] Chibotaru L F, Ungur L, Soncini A. The origin of nonmagnetic Kramers doublets in the ground state of dysprosium triangles: evidence for a toroidal magnetic moment[J]. Angewandte Chemie, 2008, 120(22): 4194-4197.

[34] Ungur L, van den Heuvel W, Chibotaru L F. Ab initio investigation of the non-collinear magnetic structure and the lowest magnetic excitations in dysprosium triangles[J]. New Journal of Chemistry, 2009, 33(6): 1224-1230.

[35] Chibotaru L F, Ungur L, Aronica C, et al. Structure, magnetism, and theoretical study of a mixed-valence $Co^{II}_3Co^{III}_4$ heptanuclear wheel: lack of SMM behavior despite negative magnetic anisotropy[J]. Journal of the American Chemical Society, 2008, 130(37): 12445-12455.

[36] Lines M E. Orbital angular momentum in the theory of paramagnetic clusters[J]. The Journal of Chemical Physics, 1971, 55(6): 2977-2984.

[37] Mondal K C, Sundt A, Lan Y, et al. Coexistence of distinct single-ion and exchange-based mechanisms for blocking of magnetization in a $Co^{II}_2Dy^{III}_2$ single-molecule magnet[J]. Angewandte Chemie International Edition, 2012, 51(30): 7550-7554.

[38] Langley S K, Wielechowski D P, Vieru V, et al. A $\{Cr^{II}_2Dy^{III}_2\}$ single-molecule magnet: enhancing the blocking temperature through 3d magnetic exchange[J]. Angewandte Chemie International Edition, 2013, 52(46): 12014-12019.

[39] Ishikawa N, Sugita M, Ishikawa T, et al. Lanthanide double-decker complexes functioning as magnets at the single-molecular level[J]. Journal of the American Chemical Society, 2003, 125(29): 8694-8695.

[40] Ishikawa N, Sugita M, Wernsdorfer W. Quantum tunneling of magnetization in lanthanide single-molecule magnets: bis (phthalocyaninato) terbium and bis (phthalocyaninato) dysprosium anions[J]. Angewandte Chemie International Edition, 2005, 44(19): 2931-2935.

[41] Thiele S, Balestro F, Ballou R, et al. Electrically driven nuclear spin resonance in single-molecule magnets[J]. Science, 2014, 344(6188): 1135-1138.

[42] Pointillart F, Bernot K, Golhen S, et al. Magnetic memory in an isotopically enriched and magnetically isolated mononuclear dysprosium complex[J]. Angewandte Chemie, 2015, 127(5): 1524-1527.

[43] Pointillart F, Le Guennic B, Cador O, et al. Lanthanide ion and tetrathiafulvalene-based ligand as a "magic" couple toward luminescence, single molecule magnets, and magnetostructural correlations[J]. Accounts of Chemical Research, 2015, 48(11): 2834-2842.

[44] Ungur L, Thewissen M, Costes J P, et al. Interplay of strongly anisotropic metal ions in magnetic blocking of complexes[J]. Inorganic Chemistry, 2013, 52(11): 6328-6337.

[45] Singh S K, Gupta T, Shanmugam M, et al. Unprecedented magnetic relaxation via the fourth excited state in low-coordinate lanthanide single-ion magnets: a theoretical perspective[J]. Chemical Communications, 2014, 50(98): 15513-15516.